大宋樓臺

图说宋人建筑

傅伯星 著

上海古籍出版社

图书在版编目(CIP)数据

大宋楼台：图说宋人建筑 / 傅伯星著. —上海：上海古籍出版社，2020.5 (2022.8重印)
ISBN 978-7-5325-9510-5

Ⅰ. ①大… Ⅱ. ①傅… Ⅲ. ①古建筑—中国—宋代—图集 Ⅳ. ①TU-092.44

中国版本图书馆CIP数据核字(2020)第040241号

大宋楼台：图说宋人建筑
傅伯星 著
上海古籍出版社出版发行
（上海市闵行区号景路 159 弄 A 座 7F 邮政编码 201101）
（1）网址：www.guji.com.cn
（2）E-mail：guji1@guji.com.cn
（3）易文网网址：www.ewen.co
上海丽佳制版印刷有限公司印刷
开本 710×1000 1/16 印张 19.25 插页 4 字数 222,000
2020 年 5 月第 1 版 2022 年 8 月第 3 次印刷
印数：6,601—8,900
ISBN 978-7-5325-9510-5
K·2790 定价：168.00 元
如有质量问题，请与承印公司联系

序

2011年3月，拙著《宋画中的南宋建筑》由西泠出版社出版，距今已过去了整整九个年头。当年我还在自创的壁画工作室上班，每天早出晚归，就在钱江四桥附近租来的厂房二楼，因陋就简写成了这本书。因创作这部书的机缘，我对宋代建筑有了较深入的了解和初步的研究。该书出版之后，承蒙浙江省古建筑研究院院长黄滋先生肯定它“所提出的基本观点均为南宋建筑工作开拓了一个新视野，对填补南宋建筑研究领域的空白有极大帮助”，并指正了不少失误之处。因该书主要着力于南宋建筑，且限于当年条件，书中插图多模糊不清晰，部分画作水平有限且重复利用，不免心怀惴惴，常有滥竽充数之感，部分文字也难免有隔靴搔痒、不够精确之憾。每或翻看，莫不掩卷叹息。寻机对该书进行扩充、增补、修订，也由此成为我一大夙愿。

转眼到了2018年，我已退出“江湖”，居家养老了。琐事所累，关于订补宋画中的宋代建筑的写作计划也随之束之高阁。其间，原出版社曾有意再版，并嘱我修订，唯因缘际会未能成事，计划终至搁浅。2018年秋，拙著《大宋衣冠——图说宋人服饰》责编、上海古籍出版社编辑曾晓红女史赠我郭黛姮教授著《南宋建筑史》，聊起《宋画中的南宋建筑》一书，遂建议我将其进行一番调整，作为《大宋衣冠》的姊妹篇，交由他们再版。其时身体健康不佳，思虑多日，犹豫不决，遂请教医生，唯嘱不可连续作战云云，于是欣然应命。

为与《大宋衣冠》有所对应，新版在原作基础上作了较大调整，特别是结构上作了较大改变，编排更加丰富、合理。全书分十一章，《释名》对古代建筑中常见专业名词释义、图解；《城垣》通过城门等级、城

墙结构、皇城之门、王城大门、大红宫墙等分析宋代城垣的建筑特色；《宫苑》通过宫廷画家和民间画工笔下的宫苑画作，揭示两宋宫苑的形制特色；《市肆》则以《清明上河图》《西湖清趣图》等见出两宋商品经济的高度发达；《城乡住宅》分屋顶级别、门、窗、栏杆、高台基、宅院等细节，探索宋代城乡住宅的变化和特色；《园林建筑》解析园林之亭台楼阁、牌坊、坊门之细部特征；《寺观》以宋人寺庙、宫观、塔之建筑形制，一览宋人方外雅趣；《桥》以各种形制的桥，展现宋人在桥梁建造上的成就；《建筑小品》主要聚焦于园林中的小型装饰建筑，以见宋人建筑之匠心独运；《装修与陈设》涉及施工、室内陈设、建筑纹样、家用器具等，于细微处见宋人建筑之精细；《从宋画看宋代建筑细部处理的十个细节》是笔者读画过程中，对宋人建筑特色及细节变化的感悟和总结；《重睹芳华——南宋西湖真貌探寻记》《与时俱进的南宋建筑——从<西湖清趣图>看南宋后期的建筑》是笔者据《西湖清趣图》，寻找并尽力复原南宋最大的园林建筑——西湖，探索南宋后期建筑演变特色的最大收获，附于书后，以贻同好！

拙著主要从宋画中的建筑探讨两宋建筑的外观样式，重点不在其时的建筑技术，为免班门弄斧，关于建筑技术细节不再以图解说明。与本书关系不大，并不针对本书的专论一并删除。牵涉到版权问题而无法与作者取得联系的图文也只得忍痛割爱。受益于近年数字技术的发展，全书替换了大部分模糊不清的图版，代之以高精度的清晰图版，尽量保持原图的完整性和可观赏性。随着近年新资料的发现，书中还增补了诸多两宋绘画资料：一是近年来新发现的与两宋建筑有关的画作，如现由日本私人收藏的《唐僧取经图》、美国某博物馆收藏的《西湖清趣图》

等。二是增添了若干以前漏载的两宋绘画，包括若干可能为后人所作而具有比勘价值的画作。这些新资料的充实，将大大提高本书的可读性和参考价值。需要说明的是，因传统立轴画一般上方大量留白，收入拙著时，为说明问题，以免主体变得太小，不便细看，不得不裁去少许。此为不得已之举，敬请读者见谅。

借绘画说古代建筑的画，古代称为“界画”，即以建筑物为主体的山水画，宋代就是古代界画的第一个高峰，大家辈出，如郭忠恕、张择端、王希孟、赵伯驹、马和之、刘松年、李嵩、马远、马麟、夏圭，以及元代的王振鹏、孙君泽等。他们的作品，既使拙著“蓬荜增辉”，增加了艺术观赏性，又大大增加了图例提供的资料的可信性。他们以当代人画当代物，符合“亲见者不诬”的求实原则；又以一代名家之笔画亲见之物，造型的准确和还原度之高是毋庸置疑的，其价值也是民间画师和后人的想象之作无可比拟的。

史学大师傅斯年先生曾说“上穷碧落下黄泉，动手动脚找东西”，宋人绘画本存世不多，尤其与建筑相关者更少，加之散落世界各地，能一一过眼着实得看机缘，如大海捞针、沙中淘金，搜集实属不易。拙著既是一册另眼看宋画的专集，也不妨说是一册宋人界画的精品别集。本书最早构思于20世纪80年代，与宋人服饰是“配套工程”，匹配《大宋衣冠——图说宋人服饰》，姑以《大宋楼台——图说宋人建筑》为名。

世易时移，拙著原序作者中国美院教授杨成寅先生已经作古多年，斯人已逝，令人感慨。曾经量身定制的“衣”已不再合身，再穿就有点过时了。传统戏剧舞台上常见的表演方法之一是自报家门，比如一老员外上场坐定，兀自口念道：“老夫年已逾古稀，只因……”台下观众就知道他是何人又缘何而来。老夫聊发少年狂，干脆自报家门，以此为序，见教于方家！

傅伯星

二〇二〇年三月于杭州中河西岸知还斋

目 录

一、释 名

釋名

两宋界画虽不是建筑图解，但解释时难免会碰到一些古代建筑的专业名词，令人不知所云，即使一些常见的名词也往往具有特定的含义，在此先按宋代李诫《营造法式》所记顺序，对相关的常用宋建筑术语作一简明的介绍，个别不常用者则随文记述。

宫

宫，《说文》释曰“室也”；《尔雅》“宫谓之室，室谓之宫”，指一组用于居住且共处一区之中的建筑物。《释名》：“宫，穹（天空或高起如拱形）也。言屋见于垣（本指墙，引申为城）上，穹崇然也。”总其说，即建于城中的高大建筑群。在宋代，宫是太上皇、皇太后、皇后的居处。如宋徽宗的龙德宫，宋高宗的德寿宫，高宗生母韦太后的慈宁宫等。

佚名《宫苑图》中的一组建筑

阙

阙，《释名》曰：“在门两旁，中央阙然为道也。”崔豹《古今注》：“阙，观也。古者每门树两观于前，所以标表宫门也。其上可居，登之可远望。人臣将朝，至此则思其阙，故谓之阙。”简言之，即宫门前左右对置的建有望亭的高台。

河南巩义市北宋皇陵中复建的一母二子阙

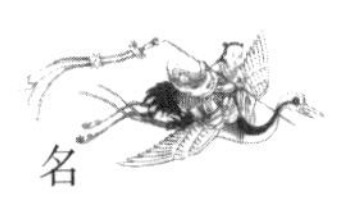

殿

殿，《苍颉篇》："殿，大堂也。"《初学记》引《尚书·大传》："天子之堂，高九雉。"注云"雉长三丈"，约合今96厘米，九雉约合今8.64米。故殿前须设三重之台，由三级石阶而上。宋制，皇帝专用之堂包括接见朝臣处理政务之堂，及专用所有之屋如卧室、餐厅、娱乐厅等，太后与皇后宫中的主堂皆称殿。

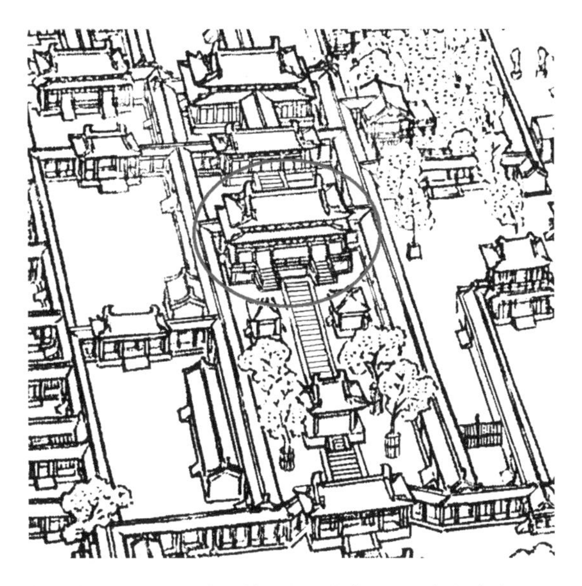

据南宋建康府署图改画的立面图中有设厅（红圈内），即为宋高宗驻跸时召见大臣之殿。

拱

拱，薛综《西京赋注》有"栾，柱上曲木两头受栌（斗拱）者"。

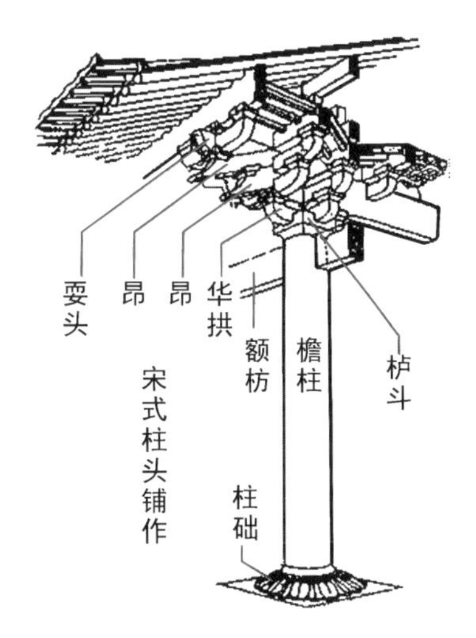

铺作

铺作，古以斗拱层数相叠，出跳多寡次序为铺作。外檐柱头上的斗拱称柱头铺作，是承托屋檐重量的主体；两柱间额枋上的斗拱称为补间铺作，起辅助支撑作用；在角柱上的斗拱称为转角铺作，起承托角梁及屋角的作用。

平座

韦绰《鸡肋编》摘抄李诫《营造法式》云：“平坐名五。阁道、墱道、飞陛、平坐、鼓坐。”今俗谓之平座，也即底楼层顶面用斗拱、枋子、铺板等挑出筑成的结构层，再在其上筑楼屋，以利登眺。这个楼层的结构层就称平座，内部则为四周封闭的暗层。平座的主要作用是加强上下层之间的联系，利于抗震和加强房屋的整体性。

山西应县辽代木塔

庑

庑，《说文》释称“堂下周屋也”，即殿或大堂之下环绕在殿庭四周的半廊（廊内有墙，仅一半地面可通行）。

佚名《悬圃春深图》

楼·阁

《说文》释“楼，重屋也”，即二层之屋。阁也是两层，周围开窗，以便眺望。二者不同在于，阁之底层与上层之间设有平座（暗层），而楼是上下两层直接相通的。但在宋画中二者殊少区别，常楼阁二字通用，或二字联用。

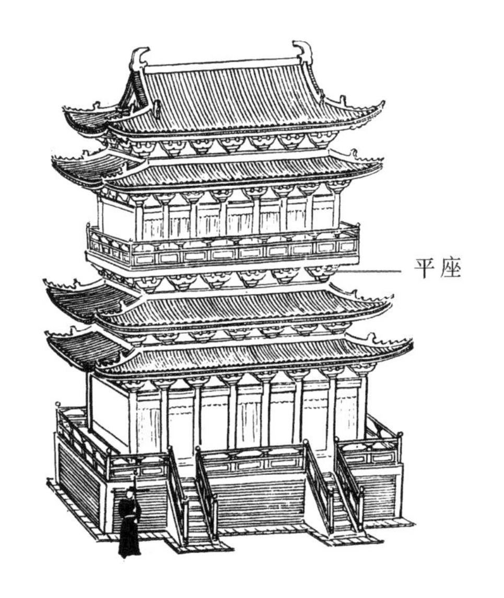

太清楼，是北宋皇宫中的藏书楼，按其形制，应称四重檐两层之阁。张择端《金明池争标图》中的宝津楼，其实也是有平座的阁（详见后）。南宋宫苑图中凡两层的建筑，几乎都有平座，即皆为阁。可见宋人对楼阁极少有严格区分，以至二字成一词，早有唐诗云“楼阁朦胧细雨中”。

上为王希孟《千里江山图》中之两座楼。宋画中找一所名符其实的楼（上下层间无平座）颇为不易，唯在王希孟《千里江山图》的村居中找到数例，或楼的造价易为下层富户接受。

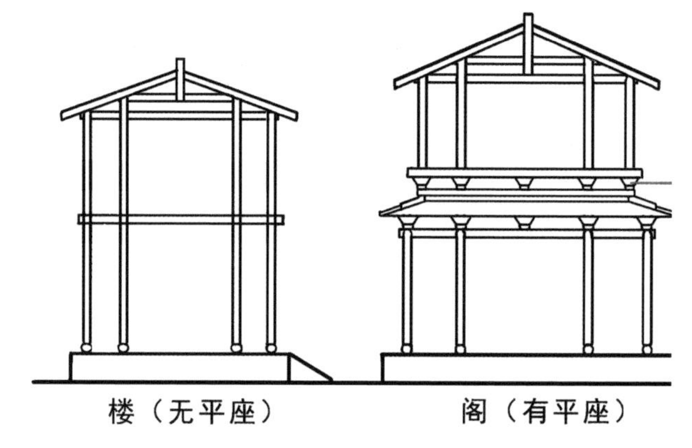

楼与阁剖面比较图

台

台，《说文》释曰“观四方而高者”。《老子》：“九层之台，起于累土。”按此定义，台是一种独立的建筑形式，不是建筑物的附件，如露台、房屋下的台基都不是台，无屋的阙台反倒符合台的定义。

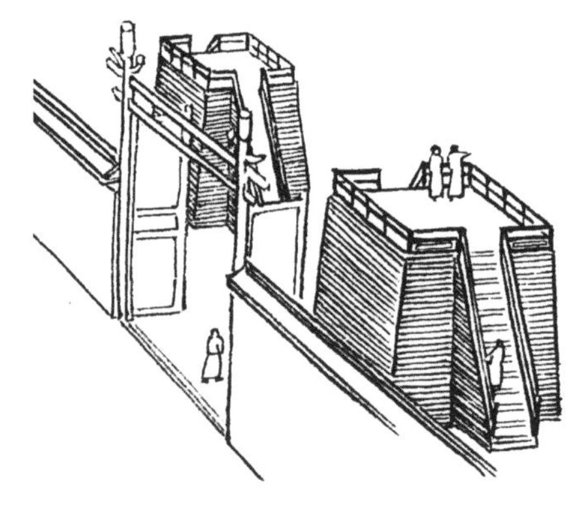

见张择端《金明池争标图》

榭

榭，《尔雅》释曰“无室曰榭”，“榭即今堂埠”，又云“室无四壁曰皇（埠）”，埠即是堂。按此说，榭就是有柱无壁的空屋，等于放大了的亭。临水则称水榭，居高故名台榭。

见自张择端《金明池争标图》

鸱尾

鸱尾，人或谓之鸱吻，非也，应该叫鸱尾。《谭宾录》载“东海有鱼，虬尾似鸱，鼓浪即降雨，遂设象于屋脊”，故谓之鸱吻。

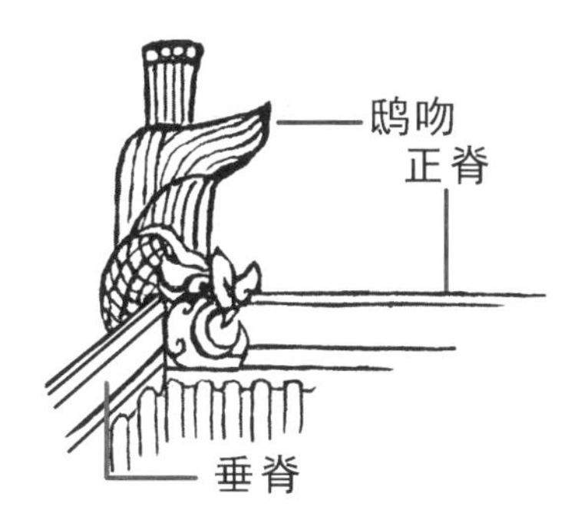

搏风

搏风，《说文》云，“屋梠（即屋檐）之两头起者”为荣。据《义训》，搏风谓之荣，今谓之搏风板。

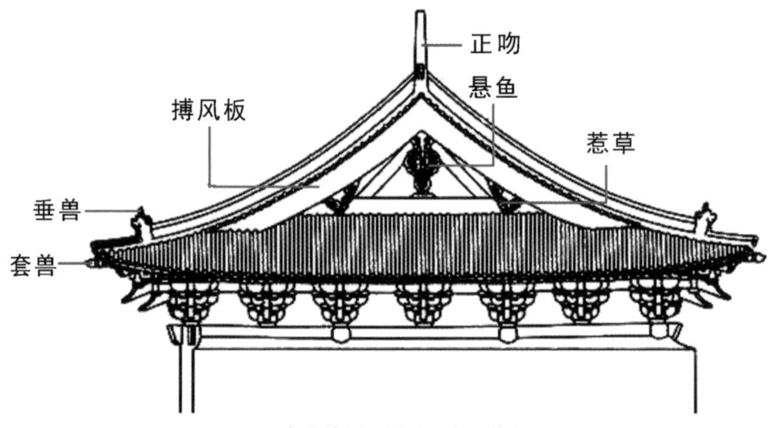

古建筑侧立面（取自网络）

窗

窗，《周礼正义·冬官考工记第六》：“窗助户为明。”《说文》：“在墙曰牖，在屋曰窗。”内、外之窗叫法不同。《义训》又说：“交窗（对开窗）谓之牖，棂窗（直棂窗）谓之疏。”可见直棂窗是最古老的窗格样式。

出土的汉代陶屋模型可见二楼的直棂窗

二、城垣

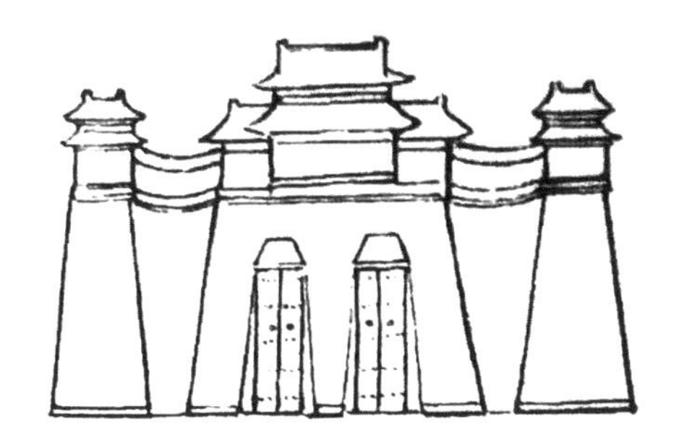

《释名疏证补》：“城，盛也，盛受国都也。”可见最早的城，仅指国都。《五经异义》：“天子之城高九仞。”天子之城即皇城，俗称紫禁城。周制一仞为八尺，汉制为七尺，按皇城墙高63尺，约今20.16米。

修筑城垣，是古代城市防御来敌、守护家园的生存需要，开设城门，以通出入。门上筑楼，既为壮观，更为望远，以预作御敌之计。凡县州郡府皆自有城。一国之都，外有都城（臣民居住生活区），内有皇城（朝廷中枢机关办公区），再有宫城（帝后工作生活区），因有三重之城。宋绘画中保留了不少当时城墙、城门、城楼的真实图像，具有鲜明的时代特色。

城门等级

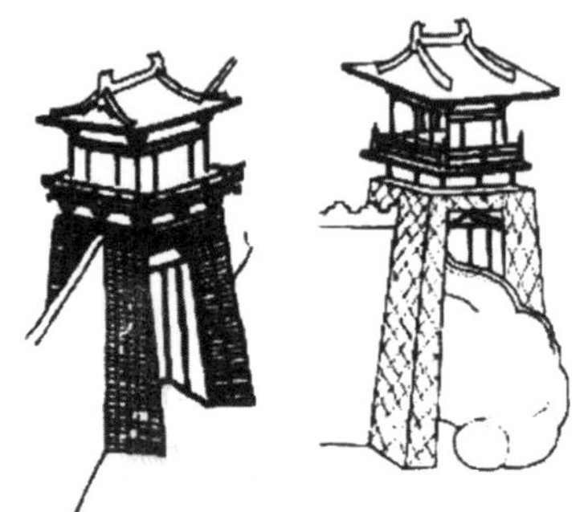

左：敦煌431窟（初唐）
右：敦煌159窟（晚唐）

城门的等级由门道的数量来区分。

一门道，为州县城门，皇城的边门与后门；

二门道，为州郡正门；

三门道，为京城门；

五门道，为京城正门。唐长安城南大门明德门、北宋皇城南大门宣德门、元大都宫城南正门崇天门，都是五门并立。

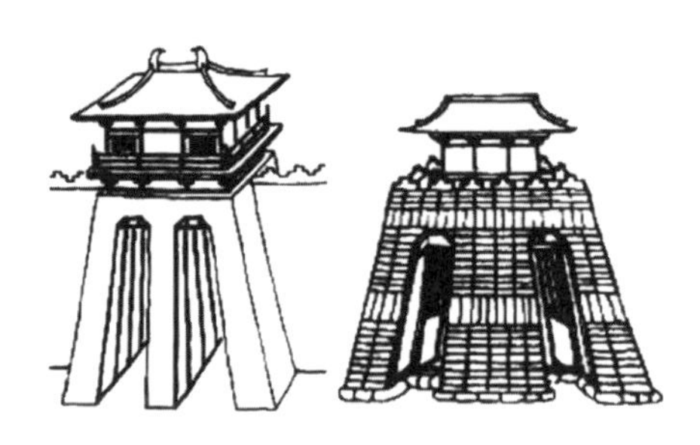

左：敦煌148窟（中唐）
右：敦煌出土绢画（唐）

但据《梦粱录》记载，南宋临安府（杭州）南大门嘉会门虽然“城楼绚綵，为诸门冠”，却未说及三门或五门，只有皇城南北两大门才是三门并立。

左：敦煌199窟（中唐）

右：敦煌9窟（晚唐）

张择端《清明上河图》（局部）

图中为汴京东角子门城楼，单檐庑殿顶，正面五间，进深三间，栏杆下为平座，为门墩，门墩比左右两侧的城墩略高且宽。左右城墩顶沿边设栏杆，随踏道下降至地面，设悬山顶门屋，供人出入上下。这种梯形的城门称为“抬梁造”，即在门洞两侧竖起一排“通天柱”，在柱顶架梁，在梁上铺板，板上填土夯实与两侧城墩连成一体。再在其上建平座，形成一个新的平面，再在上面建城楼。因此，这类城门顶上是没有城垛与环绕在城楼四周的走道的。城楼底层四面有栏杆和过道，可以走通，但不能跨出栏杆，只能从侧面的踏道上下。

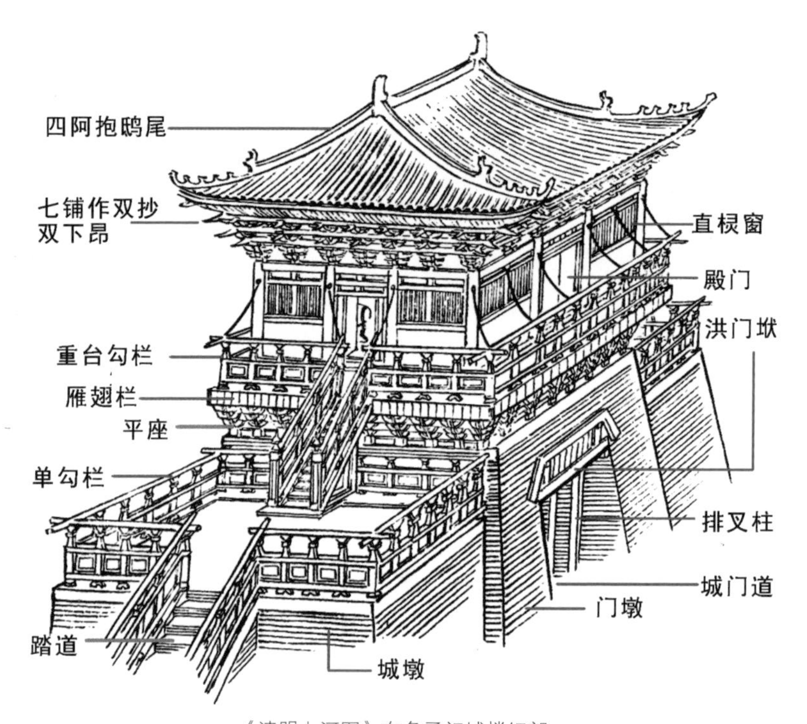

《清明上河图》东角子门城楼细部

《清明上河图》中的东角门城楼是宋画中结构最清晰的一例。其结构可见踏道、单构栏、平座、雁翅栏、七铺作双抄双下昂、鸱尾、门墩 、门道、排叉柱、洪门栿、殿门、直棂窗等。

安徽歙县南宋谯楼城门洞内通天柱的结构

每边十三根天柱，插入地栿石固定

城墙结构

据考，四千年前龙山文化时已用夯土筑城，沿用至明清。用砖包砌城墙，始于南北朝，但直至元代，只有宫城包砖，其他仍用夯土墙。凡都城与重要州县城包砌砖墙，是明代才定的制度。

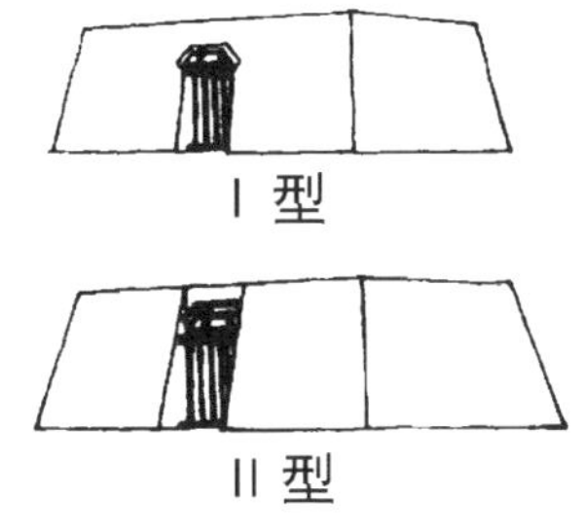

两种城墩外形示意图
城墩皆为夯土筑成，土坯外砌砖石

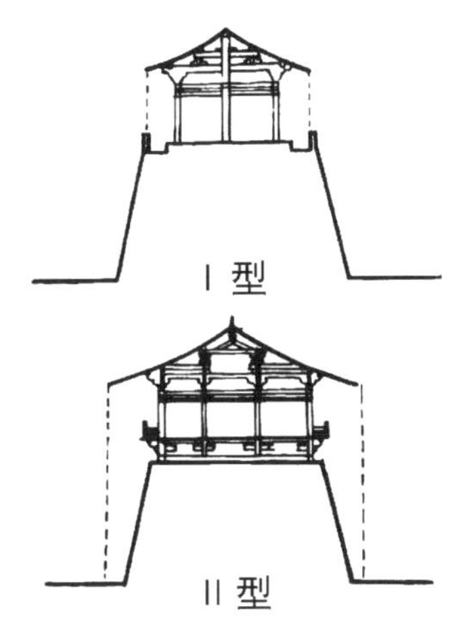

城楼与城墩的两种结合形式示意图
同一城墩，Ⅰ型者城小，Ⅱ型者城楼大

夯土城墩最怕雨淋，或墩顶积水，而左下图Ⅱ型能减少雨水带来的损害。所以抬梁造的城楼都有头大身小之感，其实是出于保护自身延长寿命的需要。由此才能理解图左Ⅰ型，为何在南北朝至唐代壁画石刻城门图例中只有一例。

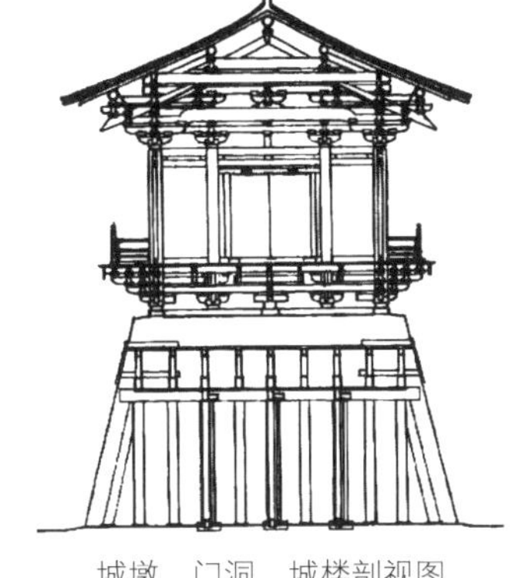
城墩、门洞、城楼剖视图

门洞内一半嵌入两壁的巨大木柱，民间称为“通天柱”，建筑界称为排叉木柱，因此“抬梁式”的建筑专业术语叫作“排叉木柱式”。

两宋城墙并无二致，从北宋到南宋画中都能找到隐于山间的城门城楼形象，凡是城楼前无城垛而设平座者，皆为抬梁造。其形制图像可从范宽、屈鼎、贾师古、夏圭等画作中一窥究竟。

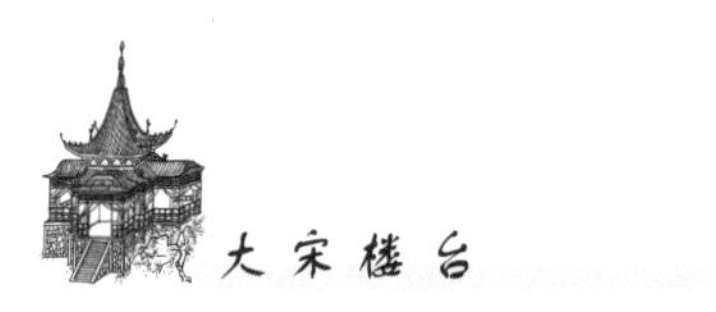

范宽 《秋林飞瀑图》（局部）

屈鼎 《夏山图》（局部）

贾师古《岩关古寺图》（局部）

夏圭 《溪山清远图》（局部）。从全卷山水看，这一面江之城可能是富春江边的某座县城。

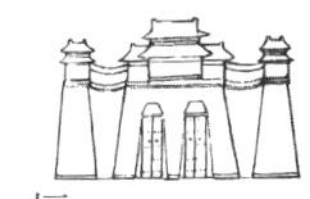

两宋画中最雄伟的城楼见马和之《早秋夜泊图》。图中的江边城楼重檐歇山顶，面宽九间，中三间外凸另作一屋，单檐歇山顶。前后二楼紧贴不分，组合成凸字形平面。除外凸的龟头屋外，檐下皆装格子窗，上留横披，下围栏杆，了然分明。楼屋底为平座，为城墩。这是宋画中唯一一座雄伟壮丽的城楼。

马和之《早秋夜泊图》

下图为夏圭《江山佳胜图》局部，所绘可见临安城外宝石山至北关（武林门）水门风光。据《梦粱录》记载，水城门上无城楼，仅建平屋，有柱无窗墙，与所画相合。

夏圭《江山佳胜图》（局部）

皇城之门

赵佶《瑞鹤图》皇城大门存照

据傅熹年先生《宋赵佶〈瑞鹤图〉和它所表现的北宋汴梁宫城正门宣德门》一文考证，《瑞鹤图》所绘均符合宋人关于宣德楼的记载与建筑规制，宣德门的形象大体如下：总平面呈凹字形；门楼、朵楼及廊均单檐屋顶，覆绿琉璃瓦。这幅作品可谓北宋皇城宣德门城楼唯一的形象记录。

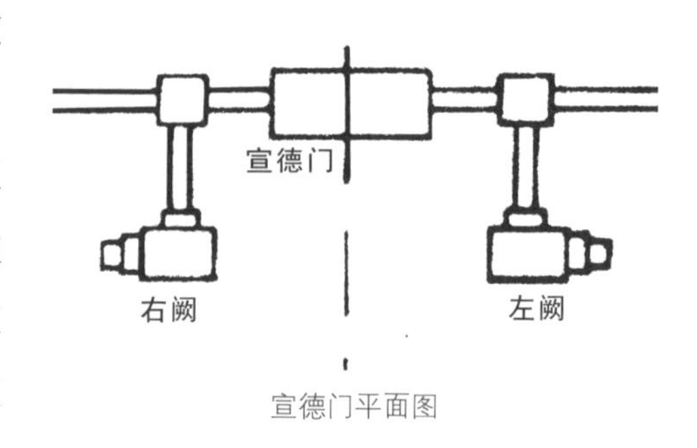

宣德门平面图

正门城墩上五门并列，中门宽大，左右各二门，呈狭长形。门顶平座，上为城楼，设门五扇。正楼两侧斜廊各五间，左右朵殿与突前之阙楼均各三间，前后当中一间建行廊各五间，子阙高度递减。

王城大门

山西繁峙县岩山寺金代壁画中的王城之门

王城只是地方政权的都城中王的居所，如五代时吴越国钱氏的王城，所以比皇城低一档次。反映在建筑外观，一是只有三门道，二是门外两阙只能作“一母一子”式。山西繁峙县岩山寺金代壁画中的这座王城正反映了这一事实：门墩上开三个木构城门道，门楼为三间单檐庑殿顶。正楼左右各为五间斜廊，连接面阔三间单歇山顶朵楼。朵楼向前伸出行廊，通向面阔三间单檐庑殿顶二重子母阙阙楼。这一组建筑包括正楼一、斜廊二、朵楼二、行廊二、阙楼二，形成凹形平面，由于壁画表现的是佛祖的故事，而他的父王只是一位诸侯王，所以子母阙只有二重。而唐长安大明宫、北宋汴京宣德门，皆三重子母阙。

传王振鹏绘《唐僧取经图》册页，绘有三门并列的王城之门

王振鹏 《唐僧取经图》册页（局部）

王振鹏 《唐僧取经图》所绘可谓最详确的抬梁造单门道城门楼之外视，城墩皆外砌青砖，片石包边，简朴雅重。

萧照《中兴瑞应图》画城门楼之内视，门内排叉柱与打开的门皆可见，门墩左与上下城楼的踏道相连，落地处设门作启闭，皆红色，表明系官方之建筑设施。

萧照《中兴瑞应图》组画（局部）

佚名《孝经》组画（局部）

佚名《孝经》组画中可见城门外视，有人在门外将门上锁。此城墙与人高相比似仅3米许，可能是皇城内某一区间的门楼。

大红宫墙

大红宫墙为南宋所创，马和之《孝经》组画可见一斑。

马和之《孝经》组画之一

从唐敦煌壁画到北宋、金画中的皇城城墙都是砖垒的，或在城坯外贴上砖雕，已是很奢华气派了。但南宋佚名《孝经》组画之中出现了一个红色宫城宫墙的场景，令人怦然心动。这大红宫墙既是自汉唐以来在画中的第一次亮相，也是宋后七百年元明清三朝大红宫墙的始祖！南宋始创的大红宫墙，从此成为世人认识中国古代宫殿的最直观的标志。

南宋晚期叶肖岩《西湖十景图》中之清波门，已画作券拱门形式，此为目前所见宋画中的孤例。其时代背景是蒙军南侵，火炮在实战中的运用，使抬梁式城门楼的弊病日益显现，于是更利于防守作战

叶肖岩《西湖十景图》册页（局部）

的拱券式城门楼应运而兴。西湖边拱券式城门楼的出现，预示了冷兵器时代的结束和新的城防样式的产生，以至现今所存古城已无法找到一处完整的抬梁造的城门楼了。值得一提的是，细看画中之楼还留着抬梁式特征，即城楼仍建在有平座的矮台墩上，只不过将它与楼一起搬到新的城墩上而已。

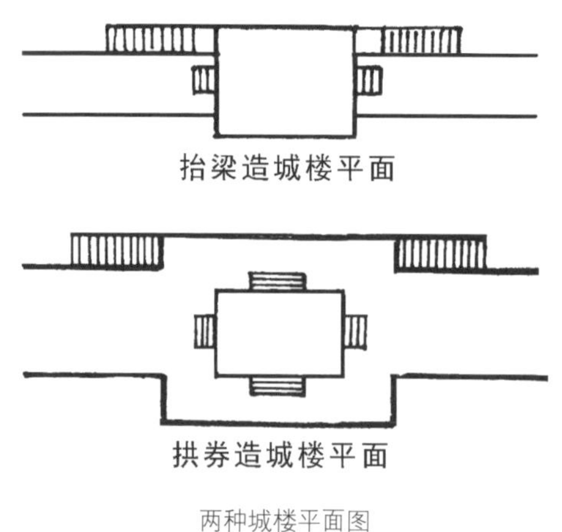

两种城楼平面图

抗蒙四十六年不败的四川合江钓鱼城券拱式城门

三、宫苑

宫苑

两宋宫苑地域不同，风格和特色自也不同。遗憾的是北宋传今的描绘宫苑的画作极少。南宋恰好相反，不仅宫廷画家有众多高水准的表现宫苑小景的佳作，为后人提供了近乎对景写生般的形象记录，更有众多民间画工竞起效仿，创作了同样众多的宫苑美景图。虽说后者的作品多为想象之作，甚至根本没有见过皇城宫苑，但多少反映了其时的些许真实，故仍值得留意。

宫苑小品

宫苑小品画的开山之作，张择瑞《金明池争标图》可谓当之无愧。

张择端 《金明池争标图》

北宋传世绘画中表现宫苑景物的作品屈指可数，此图小幅而精妍工致，真实再现了御苑金明池的建筑与人物活动，不仅开南宋宫苑小景画之源流，也奠定此类作品的基本风格，使无一地面遗存的两宋宫苑建筑研究有了真实可信的形象史料。

下图所见是北宋宫苑建筑中最奇丽的一例。“五殿”指东南西北四座重檐歇山顶门殿，居中一座垫高台基，为重檐十字坡脊顶主殿。四座门殿间连以圆形环廊，主殿与门殿间连的十字形由高渐低的行廊，形成一个四通八达的水上观景小环境。而亚字形台面东向低栏中间设有对开小门通入水石阶，当为上下船用。

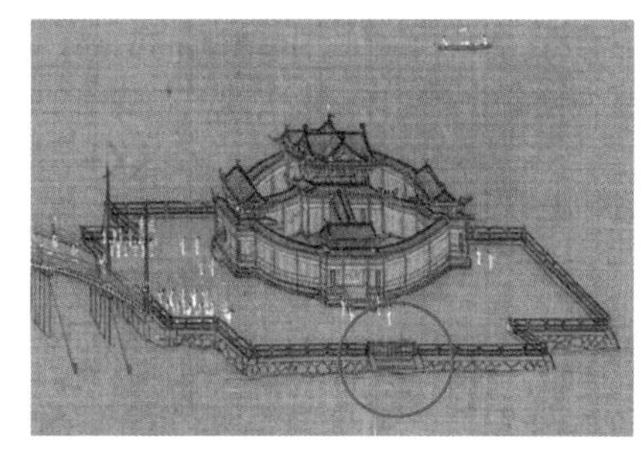
《金明池争标图》所见“五殿”

《金明池争标图》所见宝津楼

宝津楼并不是两层之屋，而是建于高台基上的重檐歇山顶观景之堂，堂前单檐稍低之屋即为榭。两屋高台基外贴砖雕，图案规整，线条严密如宋画。红窗红帘，表明御座在焉。

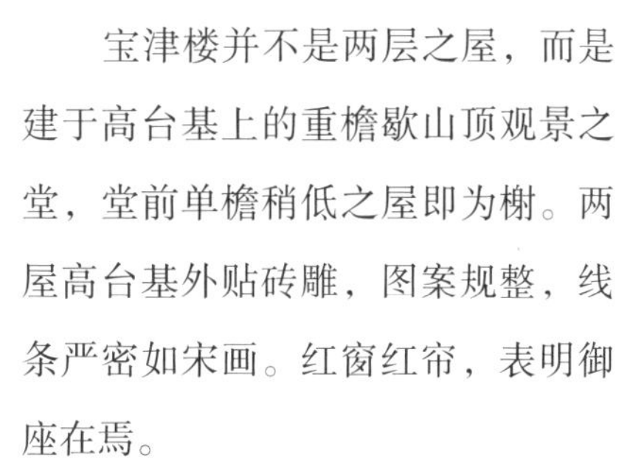

临水殿，从殿前凸字形露台看，主殿与左右朵殿应为中高（重檐）旁低（单檐）并列的三殿，红柱红窗周环红栏。殿前加设黄色方形帐篷，为皇帝临时观景处。殿、台皆建于高出水面的两层台基上。

《金明池争标图》所见临水殿

北宋《契丹使朝聘图》中可见宋真宗接见辽国使臣之一殿。此殿出人意外地既简且小，正面无门无窗，中悬竹帘，两旁垂帛帘。柱子根部有一截作深色，颇为少见。此图表明，宋代皇城中的殿宇并不都是雄伟宏敞的庞然大物，南宋连常朝殿都仅如大郡之设厅，那么这样的小殿一定更多更常见了。

佚名《契丹使朝聘图》（局部）中真宗接见辽国使臣的殿

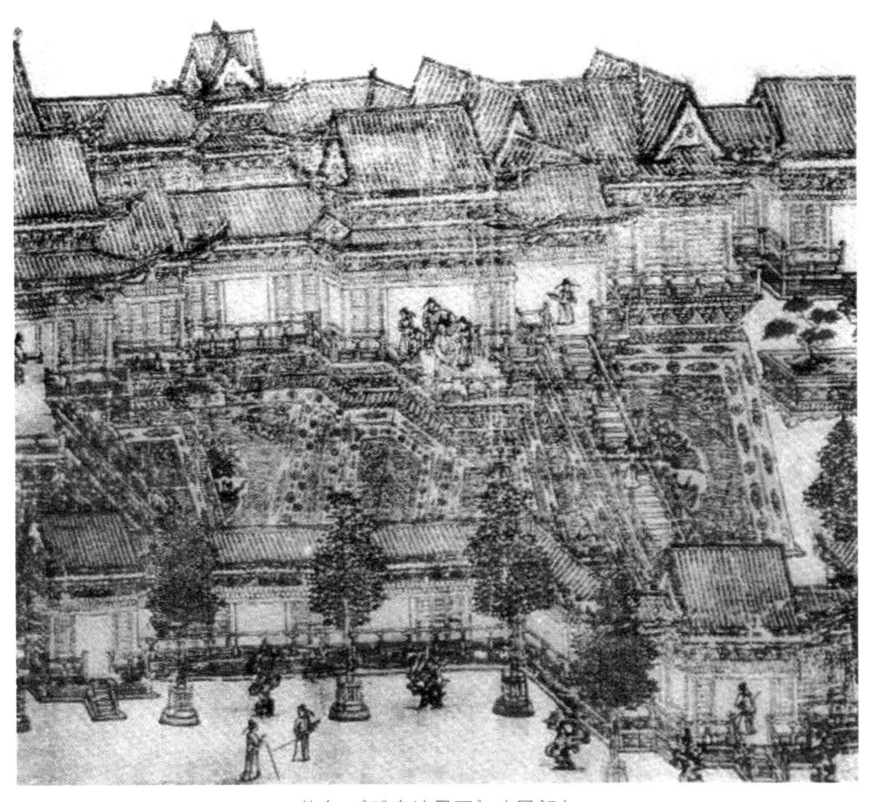

佚名《醴泉清暑图》（局部）

《醴泉清暑图》描绘的是北宋汴京醴泉宫的高台建筑群。值得注意的有以下几点：1. 有的建筑装有整扇固定的木格子窗，且以窗代墙；2. 从图中屋顶的样式看，主屋皆为重檐歇山顶，可知这组建筑有很高的等级；3. 所有建筑正面都有栏杆围绕相通，而栏杆只有拐角处的望柱出头，其他皆不出头；4. 高台外立面都用砖雕贴面，形成严正有序的图案与画面所见的灰色块；5. 只有屋基部分的立面是砌砖并用片石包边的；6. 行道树根部都设有石树穴与护栏。

马和之《女孝经图》（之二）

马和之《女孝经图》画有皇帝向太后请安事。太后坐殿正中一间，左右两侧自顶及地垂着整幅的帘子。其左一屋亦然。这种用整幅竹帘将殿屋遮住的做法，在南宋初十分普遍。李唐与马和之都活动在绍兴年间，二人的画中几乎都没有画到自檐及地的木格子窗，似正表明其时木格子窗还未形成时尚。

马和之《女孝经图》（之四）

马和之《女孝经图》画皇帝殿中召见大臣事。此殿无门无窗，竹帘高卷，敞如一亭，但斗拱、栏杆、台基、踏道及殿内御榻等，都画得十分明确，庭中保护树的六角形砖砌护树穴、木栅结构准确清晰，几可复刻。

建在杭州凤凰山东麓山坡地中的南宋皇城，受地形限制，只好削足适履缩身而建，但它结构灵巧、风格雅妍，园林化水平之高，堪称历代皇城之最。加上太上皇养老处德寿宫，以及西湖边众多的行宫御苑，一起创造了宫苑建筑的新成就。然而这些丽若仙宫的建筑入元后被先后摧毁，遗迹荡然无存。幸亏南宋绘画中宫苑丽影永存，令我们观画如身临其境，如对实物，可以做充分的观察和研究。

佚名《宫苑图》

佚名《宫苑图》表现了一处宫中庭院。正对着路的大殿由正殿及檐廊正殿组成。檐廊，类似现在宾馆中负责接待的大堂，屋内空无一物，似乎只能立等传唤，真正议事之处是后面的正殿。屋顶高而宽大，且左右各挟屋一间，两侧再接长廊，其右折而向后接一亭，亭后重檐高楼……除檐廊外，朵殿、长廊、重楼皆有木格子窗。庭中排列盆荷、湖石、石制花坛，树根有石雕树穴，极尽华美。右下方有岩石延伸出框为山体，符合凤凰山东麓的地形地貌。

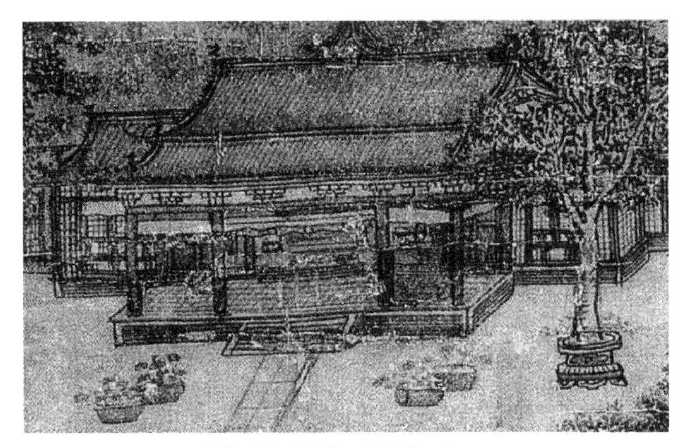

佚名《宫苑图》（局部一）

佚名《宫苑图》（局部二）

此画局部一可见正殿与檐廊，殿内正中似设红面大榻（罗汉床），旁置圆凳。局部二绘右廊与后廊丁字形交接处，外侧皆设木格子长窗。

赵伯驹 《宫苑图》

赵伯驹《宫苑图》又名为《汉宫图》，实为南宋宫苑的艺术写照。画中树木葱郁，山石温润，渲染出凤凰山地区的特定氛围。右侧一阁重檐歇山顶，两层檐下都留着横披与角柱内侧的格子窗，已拆部分露出一层的室内陈设与两层的栏杆与竹帘。令人惊奇的是，栏杆着白色，必有所据。阁前为路，路前用“步障”围成一个临时“停车场”。画左上城楼一角。城门为抬梁式，楼角黑柱系安装格子窗所留。

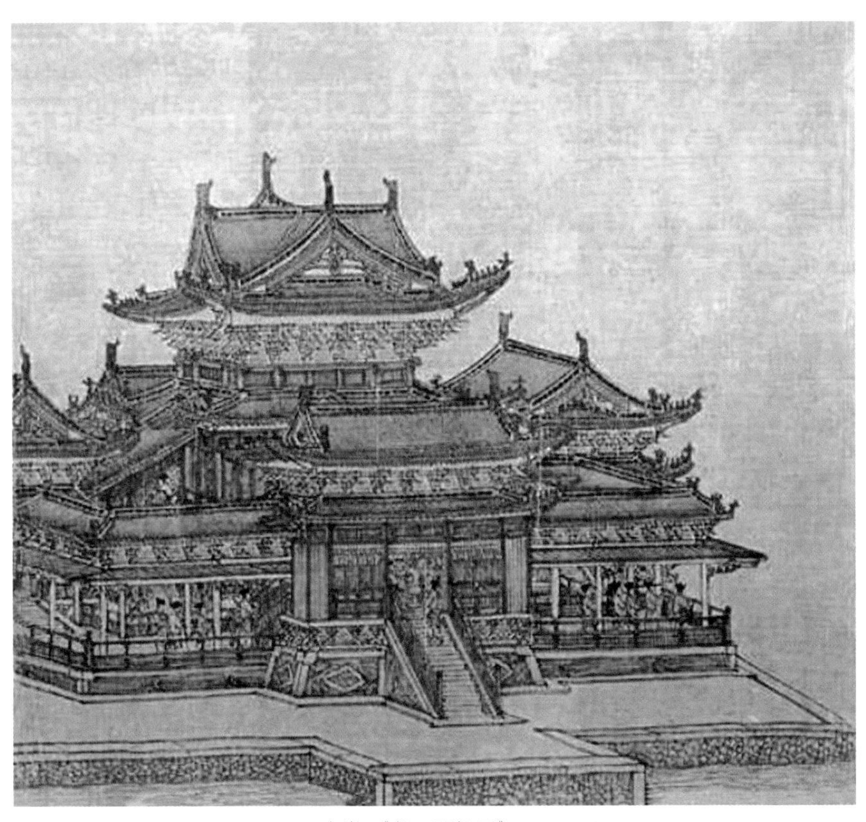

李嵩《朝回环佩图》

李嵩《朝回环佩图》所绘殿堂建在层叠的台基上，前殿略低于主楼，为三开间重檐歇山顶，台基表面为浅浮雕砖贴面。前殿于中间设踏道，殿内两侧有踏道通入廊内，周边勾栏，向后矩折，围成庭院。后方中央大殿为重檐十字脊歇山顶，檐椽外别加飞椽，增加挑出深度，檐头略呈飞起之势。翼角上加蹲兽四枚。宋制规定除皇宫外，仅二品以上官员府中可用，其它房舍不得使用重檐顶，故此为等级较高的重要建筑物。图中斗拱、补间、柱头和转角铺作的形式尺度，为《营造法式》中的规定作了极佳的说明。此图可谓南宋界画杰作之一。

值得一提的是，这组建于“岛”上的建筑与北宋《金明池争标图》之水心五殿相类，不同的只是改圆为方，细部的做法更加精美。

佚名 《宫中行乐图》

《宫中行乐图》虽未署名，但从风格看，似应为李嵩所作。

此画所作是南宋描绘宫苑的界画中仅见的一座七开间歇山顶重檐两层楼。两端接以长廊，右廊折前又接一歇山顶重檐二层楼，再由廊接歇山顶单檐平屋，再折而绕亭后至楼前，形成主楼前一宽大的庭院。廊后左有楼，右有堂，遥相呼应，二者之间似有与前院同样开阔的庭院。图右为山崖与树林。这种地形与建筑的非凡气势，都符合南宋皇城的特点。因而，此作可以看作是宫中某殿的真实写照。

李嵩《高阁焚香图》

李嵩《高阁焚香图》中，建筑细部的刻画详尽而精确。阁朝东，三开间，正中一间向外伸出一间作阳台，台上立柱，设木栏杆与木卷棚顶（南宋画中未见卷棚顶屋面）。阳台下即底层突出在外的敞开式门屋，这种门屋上加阳台的形式在宋画中仅此一例，很像西式小洋房门屋加阳台的做法，应属创新之举。高阁屋檐下画有里外两层木格子窗，清晰可辨。阁南有宽大的露台，高约屋高之半。台下平座，柱间作壶门状，内空，以利防潮去湿。地面再用方砖砌边。其左垒石壁立，始知地面至此而断，包括右下低于路面的朝南建筑在内，生动反映了南宋宫苑建设因地起屋的灵活性和巧妙安排。

李嵩《汉宫乞巧图》

李嵩《汉宫乞巧图》极具现场感，堪称为南宋宫中某一建筑的实景写生。建于高墩上的重檐大堂正面朝南。右侧有踏道三十二阶。按每阶高15厘米计，总高为4.7米。堂前为露台，围以栏杆。台下平座与墩，墩外立面贴有砖雕图案；中为门洞，有路贯通两侧。台墩之南为长廊，门洞内侧有门与廊相通。廊长且宽，不见尽头。廊东侧为池，有水从廊基下的涵洞中汩汩流出。西侧有斜栏伸下，地面似比水面还低。“乞巧”是农历七月初七日晚上的民俗活动。此时正是杭州最热的季节，故画中的木格子窗已尽卸下，仅存檐下横披，下有高卷的竹帘及锦帘。图案整齐，彩色鲜艳。大面积的沉着素雅与小面积的亮丽明艳，构成了南宋宫苑建筑绚丽典雅的风格。

李嵩《水殿招凉图》

李嵩《水殿招凉图》画中临水之殿其实只是一个方亭，重檐十字坡脊歇山顶，显得十分灵巧。木格子窗仅存横披与框架，与亭柱相比有明显的差别。踏道的上半部因深入亭的地面，称为“纳陛”。亭子地面下的斗拱、平座、矮台基画得工整精致。亭右小廊桥的桥顶，既无正脊，也不是成弧形的卷棚顶，而是中间平板状，两侧作斜面，形成一种轻盈的风格，与水殿相协调。

李嵩《夜潮图》

李嵩《夜潮图》画了一座临江之楼与楼前露台。两层背后接出一条飞廊，直通已在画外的后楼，连接成一组工字型的建筑。两层楼上陈设一一可辨，楼下与长廊的朝北一面则装“一马四箭”的格子窗，显得疏密有致。据南宋人记载，临江观潮胜地，只在江干跨浦桥边的浙江驿中。

马远《雕台望云图》

马远《雕台望云图》所绘是凤凰山皇城中一处常人难以进入的场所，即可能是皇帝在宫中的祭天之处。高出于屋顶之上的巨大台面铺满方砖，四周围以栏杆，台中心再建台墩、平座与栏杆，形成满铺方砖的两层台面，由左侧踏道上下，台的中央设一长桌，桌后竖屏，屏后是张开的帐篷一角，台墩的外立面由青石包边，框内用砖叠砌，远看全是水平横线，形成画中一个灰面。台上置盆荷，台下一殿及廊的格子窗横披，在树冠间露

出整齐的格眼。右侧陡峰削如刀剑，是马远独有的绘画语言，并不是凤凰山中实景。

马远《华灯侍宴图》（局部）

《华灯侍宴图》是马远的一幅名作。上方有宋宁宗御书题诗，第四句称“乐闻禁殿动欢声”，说明画的是南宋皇城大殿内举行盛大宴会的情景。马远为此画了两幅几乎相同的作品，但即便形制完全相同的前殿，两幅也有区别。此图是三个屋顶紧贴在一起，另一图上只有两个屋顶。这种改动似乎说明画家考虑的是构图的需要，而不机械照搬对象。因而最后一顶可能是画家加上去的，现实中也许并不存在。

马远《华灯侍宴图》复原局部

中国古代宫殿建筑都用庑殿顶、歇山顶、十字坡脊顶。悬山顶、硬山顶通常只用于臣民之家，但在这幅画中的宫中宴飨之殿却用了悬山顶，正如刘敦桢教授在《中国古代建筑史》中所说，南宋“甚至宫殿使用悬山顶，但精巧秀丽的建筑风格都进一步发展了”。

按《梦粱录》《武林旧事》记载，这座举办御宴的殿名称“需云殿”。画中前殿面阔五间，中心间略大。正殿右侧有朵殿通出画外，而左侧却无对称之殿，颇不合传统建筑中轴线左右对称设置的惯例。其所以如此，显然是受地形的限制。细看南宋人关于皇城东宫内建筑布局的记载，就会发现东宽西狭，即因其西靠近山体，所以建筑也只能随势赋形，灵活机动。由于殿宇层高超常，横披木格子窗也分成上下两截。这种木格子窗包裹整座建筑物所形成的奇特外貌，在中国历代传世绘画中只有南宋才有。

马远《宋帝命题山水册》（之一）

马远《宋帝命题山水册》（之二）

马远《宋帝命题山水册》（之三）

马远《宋帝命题山水册》（之四）

马远《宋帝命题山水册》（之一）再现作者裁剪之巧，通过底部平直的屋顶，把观众的视线引向左侧仅露出一角的殿宇和露台。它们建在从绿树中拔地而起的高台之上，享有极宽阔的视野。殿的侧面中间开门，门左为木格子窗。微茫中稍远处有红漆千秋架高高耸立，远山起伏如波，真实再现了七百多年前杭州凤凰山皇城中的特有氛围。

从画风看，马远《宋帝命题山水册》组画当为马远的早年作品。其中多幅所绘，似皆皇城中小景，民间不可能有如此格局严正和面宽超常的殿宇，虽则被安排在树丛或远处，但难掩其非凡的气势。此幅（之二）中筑于高坛上的亭屋，由爬山斜廊沟通上下，建筑物外已装上了木格子长窗的主要部件，在山坡间构筑起了一道前所未见的独特风景。

《宋帝命题山水册》（之三）所见居前的湖边方亭，竟然是重檐四角攒尖顶，表明其规格之高。亭后树林上露出两个超大的屋顶，也颇具帝王气象。据此推测，画的莫不是南宋皇城中东北隅的人造小西湖的一角？宋画中疑似涉及这一题材的，虽寥寥数幅，也弥足珍贵。

《宋帝命题山水册》（之四）所绘主体是山坳中的一处高台建筑。高台垒石而成，显得朴拙自然。这座建筑的中间部分向外挑出，其下由木柱凌空托起。建筑外立面不见格子窗，而是木板壶门，这是南宋寺观的通常做法，因而它应是一处宗教场所，但画之右侧，殿宇楼阁井然有序。从记载看，南宋皇城之内及周边确曾有过寺院和道观，虽出乎今人的想象，却符合当时的实情。

马远《踏歌图》（局部）

《踏歌图》是马远的又一名作。图中之殿及盘山回廊，位居全图视觉中心，一看便赫然入目。据笔者考证，此画作于宋宁宗即位之初，是故画中之殿便是南宋王朝迎接新时代的象征。但南宋皇城的建筑规模不可与前朝比，主殿也仅如“大郡之设厅”，画中之殿重檐歇山顶，以表明等级之高。但山间矫若游龙的回廊，反映了当时一流的建造技术和工艺水平，令人惊羡不已。

马远《台榭侍读图》

马远《台榭侍读图》所绘为一处高台建筑，梁与柱都在红底上画出连续的空心圆，连高卷的帘子也略带红色。栏杆绞角造，栏板蓝色。屋内一大屏。屏前桌椅皆红色。根据臣民之家不得用红色的规定，这座台榭应是宫中建筑，那白衣人自然就是着休闲装的皇帝。

躯干虬屈的树从竖岩乱石中挣扎着伸向高空。右侧的远山被压得很低，反衬出台榭之高峻。这一切都符合凤凰山间的地形特点。

马远《松风楼观图》

马远《松风楼观图》以高出树冠的屋顶，画出密集的宫苑建筑一角。细看会发现，第二、第三层殿屋是分别建在两座不同高度的高台基上的，茂密的树木省却了对大同小异的建筑局部的重复描绘，反增添想象的空间。前后两座高耸的屋顶，全是重檐歇山顶，仅次于庑殿顶。建筑间距显见过于紧密，证实了《行宫记》所说东宫区建筑“蚁集”的情况。

马麟《深堂琴趣图》

马麟《深堂琴趣图》画深藏于林中的一座殿堂。所见人迹罕至，所闻琴声悠扬。外层木格子窗已卸，仅存顶部横披。横披下是高卷的锦帘，里层是一垂到底的锦帘，帘边图案规整亮丽，气象非凡。后殿更大，屋顶中高而左右稍低。殿前左有巨石如蹲兽，右侧栏杆如带，栏外突然不见一物，显见为陡然下降的坡地。如此复杂多变地形，只有凤凰山中才会遇到。平整的殿前空庭，白鹤闻琴起舞。闲逸之气，溢于画外。

马麟《秉烛夜游图》

马麟《秉烛夜游图》以六角攒尖重檐亭为主体，左右皆为不见首尾的长廊。时适寒冬，廊与亭的外立面装满了木格子长窗，远看就如一列长长的火车。这种由格子窗封闭廊亭的做法，南宋以前未有所见，入元以后也渐次消失，可谓空前绝后。据记载南宋皇城中自西向东有锦胭廊，长一百八十楹（两柱间的长度）。清华大学建筑学院郭黛姮教授说“以往的园林里没有这种大规模长廊”（颐和园长廊长七百米），因而她认为锦胭廊是“园林建筑中的一个创举”。南宋临安宫苑贵园中，几乎所有建筑群之间都由廊沟通。画中之亭与长廊正反映了这种消逝已久，而今罕有人知的情景，极为珍贵。

马麟《楼台夜月图》

马麟《楼台夜月图》画黄昏时的宫苑小景。前景用繁密的点与不同方向的长短线条组成虚实相间的面，形成春深时节草树葱茏勃郁的感觉。远山比殿还低的处理，使人感到殿是建在高坡上，视野极为开阔。殿右有爬山廊可通上下。殿与廊皆装有格子窗。这种设施使人可以不受天气变化的影响，始终干净爽利地行经其间。廊下有方亭，右下角薄暗处露出一殿屋顶与稍远处的秋千架，表明地面更在画底以下。高低错落的地势，正是凤凰山地区的特点。若无此间的生活体验，决不可能做出这样的画面安排。

佚名 《水轩花榭图》

佚名《水轩花榭图》以近景的榭，通过爬山廊连通不远处山上的小阁，构成宫中一景。多次出现的装着格子窗的长廊，几乎成了南宋宫苑中不可或缺的设施，可见它的实用与美观如何获得当时人们的由衷喜爱，才使画家们产生了历久不衰的表现激情。

佚名《松堂访友图》

佚名《松堂访友图》屋顶的做法，与刘松年《四景山水图》中悬山四庑顶的做法相同，唯屋脊上的瓦兽与前者不同。其实前者屋脊上并无瓦兽，只是敲成三角状的砖，不少宋画中一般臣民之家的屋脊顶端都作如此处理。又一不同处，是此处的搏风板与柱子额枋皆薄罩红色，柱下部又有如此规整的栏杆与踏道，所以画中“松堂”其实应为宫中某堂的写照，只因其属于点景的辅助建筑，才给了它一个低等级的平常的屋顶。

佚名《荷塘按乐图》

佚名《荷塘按乐图》风格极似马远，只画了大殿的屋顶与露台一角列队吹笛的宫女，殿内欣赏者的情态，全由读者想象填补。以无生有，以少胜多，这正是画家的高妙之处。但作为建筑图像，就未免令人遗憾，因为看不见殿身殿基，只能凭经验猜测。综合前述各图对殿堂的描绘，这是一座装满格子窗的带有左右挟屋的歇山顶大殿。

佚名《杨妃上马图》

佚名《杨妃上马图》画唐明皇的故事，背景中的建筑却是南宋的，右下角屋脊的鸱尾就是证明，唐代也没有自顶及地的格子门窗。最可喜的是图中画了一扇筑在栏杆中的小栅门。这种高仅过膝的对开栅门，与张择端《金明池争标图》中心岛栏杆中的一栅门相似。在此以前的画中，似乎还没有见过这种隔而不断的设施，因而可以认定是宋人的创造。后世盛行在江南民居中的“蝴蝶门”，也许正是从这里发端的。

马和之 《女孝经图》组画一

马和之 《女孝经图》组画二

马和之《女孝经图》中两幅如镜头推近的特写，令我们看到了全景式建筑的局部和主屋与廊的关系，廊的前后竖岩卧石，花木掩映，颇出意料。更看到不同于格子窗的槅扇窗，看到了当门立屏基座的做法，看到额枋下垂着的幔，用于悬挂竹帘时遮住帘的顶部，使之整齐美观。这二图正好弥补了全景图无法深入了解的不足。

王振鹏《唐僧取经图》正好解释了幔与帘的关系，可看到放大了的帘之全貌，以及竹丝上做出的自然纹饰。此外可看到栏杆板上红底白纹的极规整的图案。虽然《营造法式》中记录了许多建筑木构件上的彩色纹样，由于全景式宫苑图中的建筑太小，根本无法表现这样的细节。

王振鹏《唐僧取经图》册页之一

王振鹏《唐僧取经图》册页之二（局部）

民间宫苑画

在南宋宫廷画家高水准的宫苑画的影响下，民间画工们仿造的宫苑画长盛不衰，其中不乏可参考借鉴之处。宋元时期的这类作品，多少反映了作者所见的某些真实， 故值得关注。元以后明清两代的类似作品仍不断涌现，形成界画中的重要一支。究其成因，是人们把色彩艳丽的青山绿水中的亭台楼阁当成了向往的仙境，或是富贵吉祥的象征，虽大多假托南宋名人之作，但已不具备研究其时建筑特点的意义，而成了纯审美性的商品。

两幅同题《宫苑图》（一立轴一横幅），因年久，绢面深暗，几不可辨。

此佚名《龙舟竞渡图》中，湖畔三座不同形式的建筑皆琉璃瓦顶，红柱红窗红栏高台基，显然只是作者的想象而非实景再现，但龙舟的形制颇具参考价值。

佚名《龙舟竞渡图》

佚名《江山殿阁图》

此佚名《江山殿阁图》中，作者可能曾见过图中高台上的重檐四方亭屋，台下的建筑显得拥塞而不合规矩。

佚名《蓬瀛仙馆图》

佚名《蓬瀛仙馆图》中一楼二顶与凉亭上的卷棚顶，在南宋界画中是从未出现过的建筑形式。究竟是南宋末年新产生的还是入元后才有的？目前尚无旁证（包括文字记述），难于定论。

此佚名《曲院莲香图》色彩鲜明，其特可喜者是画出了一道红漆铁栅栏，这可能是我国园林中第一道隔而不断的美丽设施。

佚名《曲院莲香图》

佚名《碧梧庭榭图》（局部）

佚名《碧梧庭榭图》多处被当作宋画引用，但重檐大方亭与右侧白石台基重檐歇山顶大堂的安排，明显属于主次颠倒。这是南宋宫廷画家绝不会犯的常识错误。同时建筑细部的描绘已经程式化，失去了宋人界画的精确和细节表现的严谨风格。

佚名《悬圃春深图》

佚名《悬圃春深图》中，殿宇琉璃瓦顶，红柱、红栏、红格子窗，一派皇家气象。傅熹年先生在《元代的绘画艺术》一文中说："宋人画界画主张熟悉建筑构造，故构架和装饰都很真实准确，匠人甚至可以据此造屋。"但元代界画"已出现程式化倾向，斗拱、装饰已多似是而非，徒存形式。宋代形成的界画优秀传统，至此已是尾声"。他又说："南宋重意境而元代只是追求工细，从艺术水平上看，（元代）界画是衰落了。"他认为此图中的"建筑风格也属元代官式，极可能是宫廷画家的作品"。

托名赵伯驹的宫苑图

赵伯驹（约1120—1182），宋太祖七世孙，南宋著名宗室画家，擅长青绿山水，以《江山秋色图卷》名留画史，因此成为后人仿冒的对象。凡描绘宫苑美景的青绿山水皆托其名，以抬价销售，传今者尚有不少而水平不一，此录数幅（卷），以供参考。

佚名《阿阁图》（局部）

按此《阿阁图》中所画，三重檐三色琉璃瓦屋顶，两倍于屋高的台基，在现实中是不存在的，故建筑虽雄伟瑰丽，无以伦比，却再无南宋画家所绘宫苑建筑的真实可信。

佚名《仙山楼阁图》

此佚名《仙山楼阁图》是托名赵伯驹青绿山水卷中绘画技法最好的一例。建筑虽出于想象，但比例、相互关系、色彩等都处理得恰到好处，给人以雅妍俊逸的美感。

佚名《仙山楼阁图》(局部)

佚名《汉宫游乐图》一

佚名《汉宫游乐图》二

此佚名《汉宫游乐图》建筑群组全是随心所欲任意堆叠，然色彩颇为雅丽，可作装饰画、背景画布置欣赏。

佚名《汉宫游乐图》（局部一）

佚名《汉宫游乐图》（局部二）

佚名《汉宫游乐图》（局部三）

佚名《青绿山水卷》一

佚名《青绿山水卷》二

佚名《青绿山水卷》（局部）

佚名《汉宫春晓图》（局部）

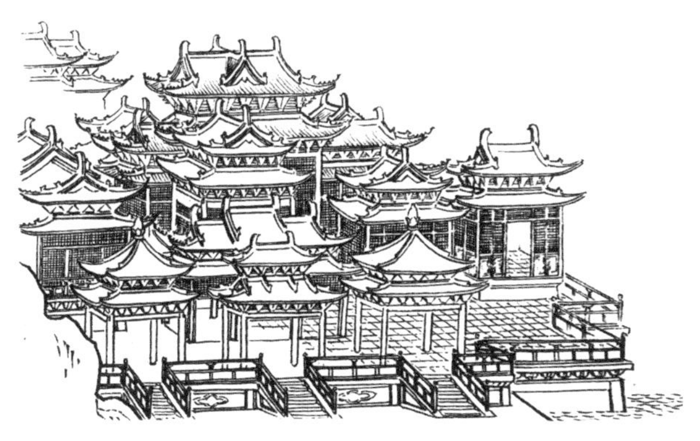

佚名《九成宫图》

佚名《九成宫图》中密集拥塞的建筑群，不符合建造法则，纯属民间画师的臆想。

从佚名《青绿山水卷》及《汉宫春晓图》《九成宫图》等来看，宋元及后人想象之作中建筑的共同特点是：1.建于高台之上。2.皆重檐覆屋、多色琉璃瓦。3.皆红柱红栏红窗。4.建设布局不合理，已少研究价值，仅存部分审美功能。对于界画创作而言，则有一定的参考意义。

四、市 肆

市肆

我国自汉至唐的一千多年间，城市中的“市”是设在划定的地块内，每日按时启闭的。行走在大街上，只能看到两旁整齐的坊墙，始终看不见店铺。要想购物，就得在规定时间内去专设的“市”才行。这种僵死的制度到宋代才被彻底冲破与淘汰，于是有了沿街设店的商业街，有了早市、夜市，连僻远之地也市集兴旺。南宋临安的商品经济更加发达，于是有了不少正面或侧面反映城乡市集的镜头。

在北宋中期以前，往上追溯到秦汉的漫长的千余年间，几乎没有一件表现市场和经济活动的卷轴画，只在汉画像砖、宋辽寺观壁画中出现过相关的零星镜头，如耕织渔猎、鬻馍卖酒、售卜问医、和面煮茶等，无不充满了真实的生活情趣。北宋市场经济迅猛发展，市民对文化艺术需求急增，戏剧开始萌芽，固定的剧场开始出现……此时绘画开始突破士大夫们的审美视野和题材传统，转而从民众的生活日常中发掘新意，于是在宋徽宗朝出现了两大影响千年的杰作：张择端的《清明上河图》和王希孟的《千里江山图》。

收割渔猎（汉画像砖）

售酒（汉画像砖）

耕田（唐代敦煌壁画）

织布（北宋山西开化寺壁画）

《清明上河图》第一次如实记录了汴京城乡林林总总的市场百态，为后人保留了12世纪初叶中国首都最原生态的社会风貌。

张择端《清明上河图》呈现的市肆百态（局部）

虽然汉代画像砖中偶有表现市场活动的画面，卷轴画中却只有张择端的《清明上河图》，第一次完整而生动地描绘了汴京店铺作坊、酒楼茶

肆、船运车载、坐摊游贩的市场百态。芸芸众生为生存奔忙的洋洋大观跃然于画中，告诉后人当年的种种实况。

《清明上河图》（局部）中的酒楼“欢门”

最吸引人的是店门外的“欢门”，这是宋代餐饮等行业店门外最显著的标志性装置，即竹木搭成的屋一般的架子，上扎纸或绢做的仿生花或灯笼，俗称“彩棚”。据说“欢门”起源于五代后周国，因得宋太祖的肯定就保留了下来。上图中“孙羊店”酒楼的欢门高两层，宽与三开间楼面等。每层顶上用细竹扎出高耸的山形架，上扎花毬与花灯。下图“十千脚店”的赤膊欢门虽高两层，但宽仅一间，由四柱撑起支架，无一装饰，筋骨尽显。两店的酒招因由三条蓝色夹两条白底组成，远望如川

《清明上河图》（局部）中的脚店欢门

《清明上河图》（局部）中的店铺一

字，统称川字旗。

《清明上河图》中还描绘了北宋东京郊外临街设棚中三种茶食小吃铺。以最简便的构造架设起一个经营空间，是10至12世纪初中国第一大都会洋洋大观的不可缺失的生动细节。

《清明上河图》（局部）中的店铺屋顶“气窗”

上图描绘了河岸上的一家酒店。酒招竖在河边，以便船民一眼望见。歇山顶的山墙上设一扇可翻动的横窗，朝街的一面高竖“欢门”，前后两面都能招徕食客。

中图同一屋檐下开了两片店铺，值得注意的是屋顶开了一个气窗，为全图之孤例，开后世屋面上“老虎窗”的先河。

《清明上河图》（局部）中占道经营的路口店

下图是一家路口店。店内柜前有堆满货物的矮柜伸出横于街面，

《清明上河图》（局部）中的诊所

《清明上河图》（局部）中的木器店

《清明上河图》（局部）中的脚店楼屋

可见“占道经营”宋已有之。

上图为“赵太丞家”开的诊所。“太丞”是太医院“医丞”的简称，官阶七品，门口高竖着三块招牌，上书“治酒所伤”等广告语，另有一小块挂在门柱上。进门左右贴墙放着两把椅子，供就诊的病人坐。折叠椅后有柜台横截店堂，使外为诊所、内为账房药房，至今仍有许多小诊所按此布置。

中图为一家木器店的店外之景。

下图为“脚店”的楼屋。悬山顶的屋檐下斜伸出竹编的凉棚，绕屋有绞角造的栏杆。前后两间的柱侧是四扇固定的木格子窗，格眼下部是整块

《清明上河图》（局部）中的桥市

木板。每一间当中的两扇已被拆下，可见室内摆设。

利用宽阔的桥面两侧设摊售物，反映了买卖交易的空前繁盛。江南水乡许多地方都有这种热闹非凡的桥市，追其源，即来源于《清明上河图》所见。但图中的摊贩显见都是临时性的，故称“浮铺”。在明代仇英的同题长卷中的桥市，已换成了相对固定的店铺。

仇英《清明上河图》（局部）

张择端《清明上河图》沿河展开的小茶酒食店（局部一）

张择端《清明上河图》沿河展开的小茶酒食店（局部二）

北宋汴河畔的茶酒小店，延伸为后世江南水乡常见的景象。张择端《清明上河图》有精确描绘。

上图为沿河而正面朝路敞开的食店，店堂内的陈设器物了了可辨。中图为小店朝河擅自搭建的吊脚楼式的棚屋，堪称“违章建筑”的始祖。下图为整段河岸上鳞次栉比的小店，右首一家公然截断路面扩为店堂，应有不一般的背景……图中表现的这些市肆小景，在20世纪七八十代初的南方乡镇仍有所见，可见其描述的真切和精深。

张择端《清明上河图》沿河展开的小茶酒食店（局部三）

张择端《清明上河图》中的城郊望楼

上图：城郊望楼——北宋定编的火警盗警瞭望台，证明了城市管理的专业化与精细化。

中图：位于城郊的派出所或厢公所。大门不设门坎，以便车马出入无障碍。

张择端《清明上河图》中的城郊厢公所

张择端《清明上河图》中的摊贩

下图：在小巷口摆地摊的小贩和围观人群，可谓千古不变的城市景观。

佚名《闸口盘车图》（局部一）

佚名《闸口盘车图》（局部一）画有北宋初期的一座完整的水力磨坊。磨坊分上、下两层。上层为屋三间，左右挟屋各两间，建在高及半人的台墩上。当中三间是“磨粉车间”，内置大石磨及一应器物，挟屋皆低矮，皆装着斜方格木门窗，不能开启。“磨粉车间”之下用粗方柱架空立水中，内设大小木转轮，为“动力车间”。水从后墙孔中顺水槽冲出，冲击大小轮转动不息，通过轮轴带动上屋石磨工作。当中三间的屋顶为十字脊顶，十字脊的四条似不等长，而是竖脊更长；竖的前后两段也不等长，而是前短后长。这后长之脊正好与后面一屋正中相衔接，因此还能看见后屋的斗拱、额枋、柱与栏杆的一角。也就是说，这座磨坊前后两屋是连成一体的，建筑平面如

佚名《闸口盘车图》（局部二）

“士”字形。整座磨坊建在河岸上，河岸边夯实后外砌紧密排列的青砖，再用竖向等距离排列的木桩贴砖加固，四周还画有相关的劳动场景。此图是中国绘画史上一幅名作，也同具为史佐证的特殊价值。

此图局部二描绘了一座高竖“欢门”骨架的乡间酒楼。悬山顶的门屋前，竖着一架上有二庇顶的木屏风。由于屏风与门的间距未能把握适度，此处颇觉不畅。门屋左右为廊屋，外立面设直棂窗。廊屋之内有歇山顶酒阁，也设直棂窗，这就是那时的酒楼了。酒阁显得很原始，但正因如此，才令人可信。宋代不少画家在画中画过水力磨坊，不过都是点缀性的配景，没有深入细化如此画者。

佚名《雪麓早行图》(局部)

佚名《雪麓早行图》中的山间水磨坊，简陋而实用。水轮也横置，但未及《闸口盘车图》之明确，仅反映了水磨技术的普遍和深入民间。

山西省繁峙县岩山寺
金代壁画(局部)

此壁画中水轮已加改进：撤下了封闭的圆形木轮圈，代之以放射形木叶，并改横为竖，在水的冲击下带动转轴前端的小叶板，由它拨动连接上层磨盘的横木叶板不停转动，完成碾磨谷物的工作。据考壁画作者系被俘宋人，故所画或为北宋境内之所见。

王希孟《千里江山图》（局部）

王希孟《千里江山图》所刻画的磨坊环境完整而真实。它表现了北宋末年乡间广为运用的水力磨坊的设施已有改进。《闸口盘车图》中横置于水面的木轮改成了竖式，以减少木轮转动时水的阻力，从而提高了效率。磨坊的整组建筑更加切合实用，更加平民化，也就更易推广和建造，为更多的人群提供服务，体现了令人可喜的进步。

佚名《盘车图》（局部）

佚名《盘车图》中的北方山间客栈，堪称中国最早的公路休息站的写照，只有最简陋的两三间平房和几张方桌，一杆酒招迎风招呼着过往旅客。

李唐《雪江图》绘有南宋江南水乡的一家乡村酒店。前排有屋三间，中间较高一屋是店堂，与后屋廊相通，形成工字形平面。两旁是辅助用房，左为厨房，烟囱上炊烟皂皂，屋顶斜插一竿挂着酒幌。与佚名《盘车图》所见路边店的设施相比，境况已有明显的改善。

李唐《雪江图》（局部）

佚名《雪栈牛车图》中表现了一处乡间客栈与磨坊，柴门土墙围着数间茅屋，简陋而整齐。磨坊的建筑颇为考究，歇山顶，木窗木柱，架空的排柱后可见不停转动的水轮。宋画中频频出现的水力磨坊，说明宋代实用科技的普及。踏雪上路的车队，活画出宋代城乡商品经济迅猛发展的一个缩影。

佚名《雪栈牛车图》（局部）

佚名《雪栈牛车图》（局部）

此图与上图同题，同为南宋佚名画家所绘，画的内容、构图、景物基本相同，唯描绘似较工致，且将北方变成了南方。瓦顶变成了一色茅顶，人字坡顶上用绳拉着重石以防大风吹散茅草。正屋前加柴门及门屋。或许南渡的艰辛历程令人难忘，南宋初年有不少表现行旅的作品。

佚名《花坞醉归图》

佚名《花坞醉归图》绘有中桥下临河小酒店。杂树林前茅屋两间，柴篱支摘窗，挑出一竿酒幌，便可经营获利。此画证明了重商带来的繁荣，以至惠及偏远的山乡小民，只要肯干，便有饭吃，于是便有这春风和熙的画面。这是将农民牢牢束缚在土地上的前朝后世都不曾有过的景象。

佚名《西湖清趣图》这一表现南宋后期京城西湖美景的长卷中，也画有沿湖南北两处商业街上栉比鳞次的店铺：皆两层楼屋，黑漆牌门，黑漆支摘窗，敞开大门的店堂内依稀可见柜台、灶台、桌凳，甚至垒成一箩的蒸屉和摆放着的熟食、悬挂的菜牌、大酒食铺店招上写的广告词均细辨可识。门帘上大书一个“解”字，是算卦解惑的相士之家……往来游人小不及寸，已不可辨，唯见有轿抬行于其间。

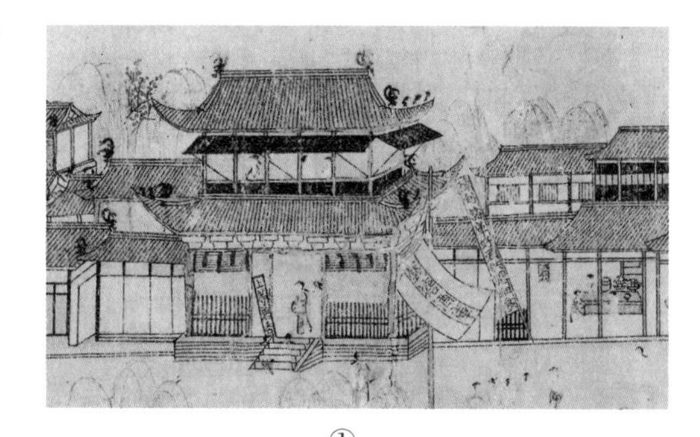

①

②

佚名《西湖清趣图》中的湖边街市：
①望湖楼
②昭庆寺前街
③钱湖门外街

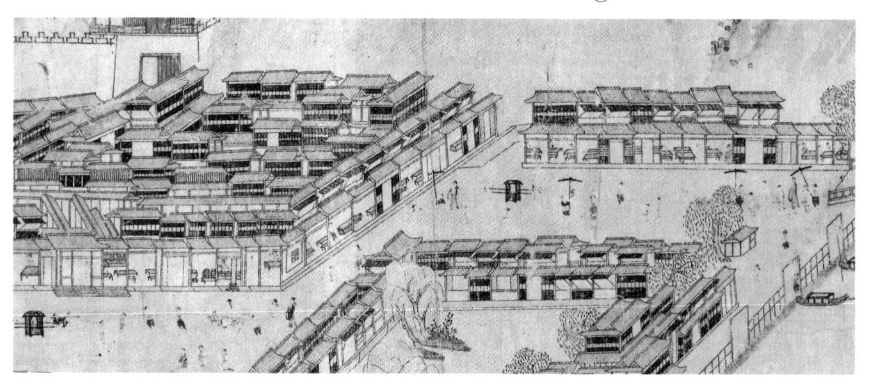

③

五、城乡住宅

城鄉住宅

中国古代的住宅按宅主的社会地位分出不同的等级，连叫法都不能混淆，如亲王、宰相的住所叫府，百官的住所叫宅，庶民的住所叫家。不同等级的住宅，其所在的地段，所占的面积，所用的规格包括层高、朝向、形式、用色以至门的样式、门环用的材料等，都有明确的规定，绝对不能违反，不然就可以论罪。同时所有住宅建筑还受当时技术条件的限制，比如那时的外墙、围墙大多是夯土泥墙，最怕雨水，故墙体都做成上窄下宽，并以砖瓦或茅草盖顶。只有到明代中期以后砖的产量剧增，连民间都普遍使用时，住宅建筑中才出现了超过屋顶的封火墙。

宋代城乡住宅恐怕已无传今的实物，由于古人崇尚聚族而居，大家庭的住宅无不占地宏广，结构复杂，但从平面看，则大体一致，即以一进为单位，为一中轴，依次向后推进，向左右对称展开。每一进以天井为中心，正面朝南中间为正堂，左右为厢房稍低，以此类推。北宋中期已讲究住宅内的园林设施，至有“宁可食无肉，不可居无竹”之说。南宋地处江南，多山多水，无法固守陈规，乃有许多因势图变的新创，建筑更加多样化和园林化。文献记载中南宋的大型住宅皆分左、中、右三区：中区依规建造，为会客、议事、祭祀之处，左、右视情况分为住宅区和园林休闲区。升斗小民之居所则竹篱茅舍两三间，甚至租屋而居，宋画中有许多这样的生动描绘。

屋顶级别

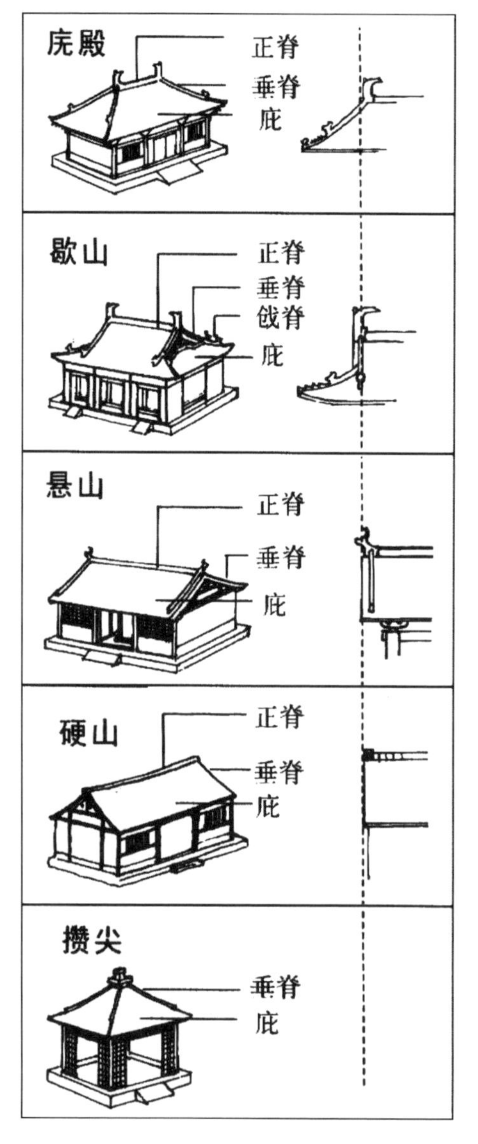

●庑殿顶：屋顶由四庇五脊组成，是古代最高规格的屋顶，仅用于宫中正殿、宫城门正楼。如北京故宫太和殿即重檐庑殿顶。

●歇山顶：屋顶由四庇、九脊组成。在官式建筑中仅次于庑殿顶，多用于宫中殿宇、府衙正堂以及寺观祠庙中的主殿。

●悬山顶：屋顶由五脊两庇组成。与硬山不同处在于其屋面是挑出在山墙之外的，有利于防雨，因此在多雨的南方广泛使用，为民居建筑常式。

●硬山顶：屋顶由一条正脊、四条垂脊和二庇组成，屋顶与山墙基本同在一个垂直面上。这种屋顶多用在干旱少雨的北方，为民居建筑常式。

●攒尖顶：由庇和垂脊组成，根据平面的变化相应有四、六、八面攒尖顶，如平面为圆形，即有庇无脊，顶尖的“宝顶”以点代脊，称为“绝脊”，多用于园林中的辅助建筑。

●十字坡脊顶：这种屋顶由两个歇山顶十字相交而成，两条正脊，四面相同且等大的山墙与屋面，是宋代最灵巧的建筑形式，一般都用于宫苑和园林建筑之中。

●悬山四庇顶：这种形式仅见于南宋绘画。悬山顶原本只有前后两庇，为增加住房面积又不违制，在左右山墙上增加两个躲在人字庇中的侧庇，以扩张面积。（此名系笔者所拟）

●三川硬山顶：这种形式也为南宋所创，三座建筑一大二小连通，减少了分建三座的用地、材料和人力，一般用在正堂后的次要建筑，且左右二屋可视情况增长。也有三川歇山顶，级别自然更高。

●卷棚顶：这是古代建筑中常见的辅屋顶形式之一，常用于辅助用房或园林建筑。但宋画中尚无其例，只有正堂前的抱厦之顶、园林中凉亭之顶，无脊无瓦，状若卷棚。

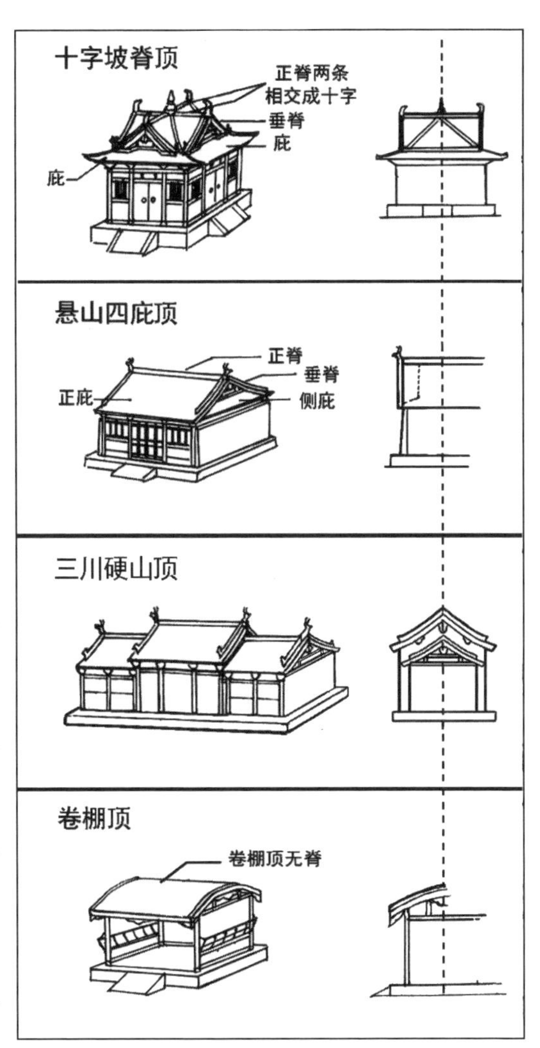

门

1. 乌头门

李唐《晋文公复国图》（局部）

李唐《晋文公复国图》中的大门为三扇并列的乌头门，朝向路面，门内为内院之门，南向。这种两重门朝向不同的做法在江南尤为普遍。

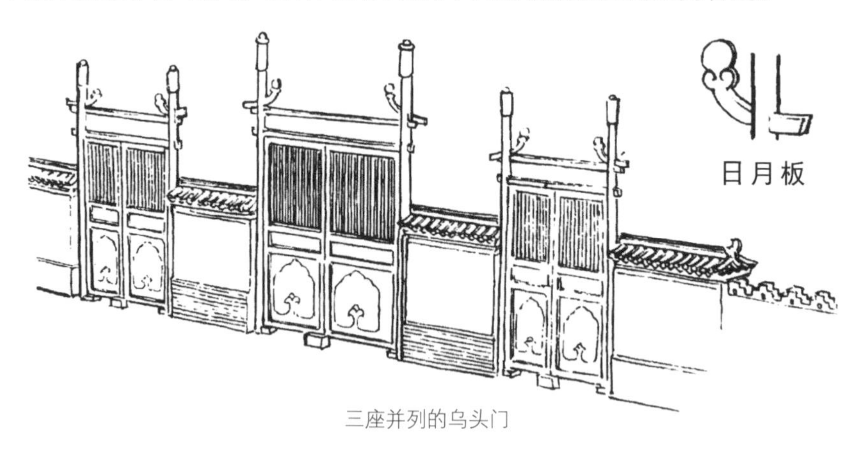

三座并列的乌头门

宋代太学及祭祀建筑群中均可见并列乌头门的形制。乌头门又称表楬，为政府表扬户主德行的措施，始于五代。门上横木板上有时写字，为歌功颂德之句。

敦煌壁画中的乌头门

图中所绘为敦煌壁画中的乌头门。但宋之乌头门，已有明等级之意，六品以上皆可设之。

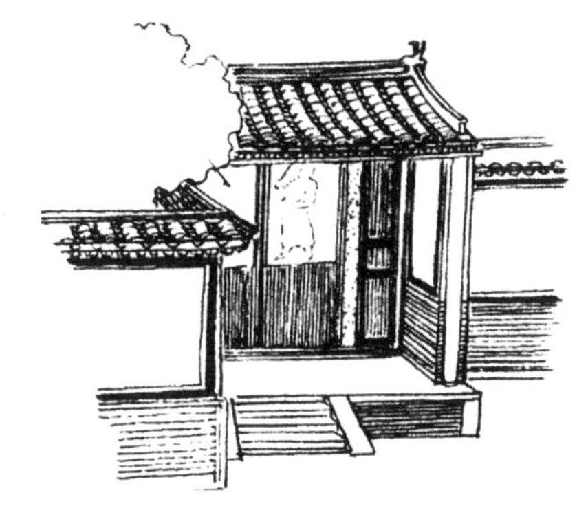

佚名《朝岁图》（线图）

南宋佚名《朝岁图》中南方富有之家的门屋。门上贴着门神画像，夯土泥墙面画有黑线边框，至今乡间仍有这种做法。

2. 绰楔门·门楼·板门

绰楔门

大足石刻中一宋代门楼　河南白沙宋墓出土砖雕之板门

此为绰楔门，与乌头门之不同，仅在于上之横木不出头，规格低于乌头门。

据《中国古代建筑史》说，尽管宋代明文规定了建筑规制，但有的豪门富室并不照办。重庆大足石刻中一宋代门楼即一例。门口有侍女，故非公宇，而是私宅。右图为河南白沙宋墓出土砖雕之板门，与左侧门楼有异曲同工之妙。

3. 断砌造

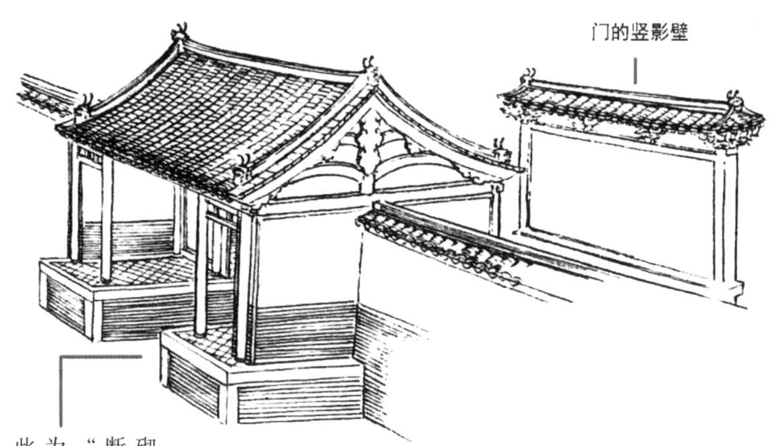

此为“断砌造”，以便车马出入，是宋代大建筑中的一个特色。

陈居中《胡笳十八拍》（线图）

陈居中《胡笳十八拍》中蔡文姬家之门屋，实为南宋王府的写照。萧照《中兴瑞应图》有王府大门也作此式，似犹稍狭，故此为王府门屋无疑。门外无石狮，疑为明代之制。

宋朝规定“非命官不得建门屋”，反之有门屋子者必为官员私宅。下为两座官员私宅大门，皆为断砌造。

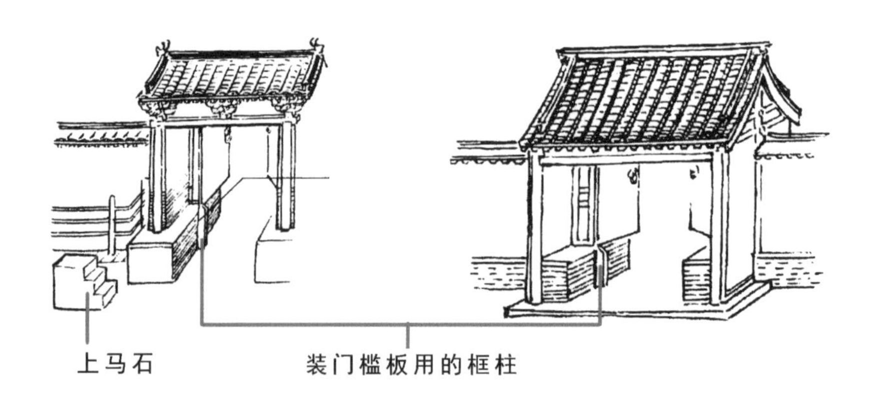

4. 衡门

衡门

《朝岁图》衡门示例

乔仲常《后赤壁赋图》中苏轼居所之门

平民家的门上加屋顶，称为“衡门”。其上为《清明上河图》一家宅子酒店之衡门。

《朝岁图》中一宅之衡门。这是民间最低一级的衡门，有门框而无屋顶。由此可见，此类门似无贵贱之分。

北宋乔仲常《后赤壁赋图》中画有苏轼贬黄州时住所之门。

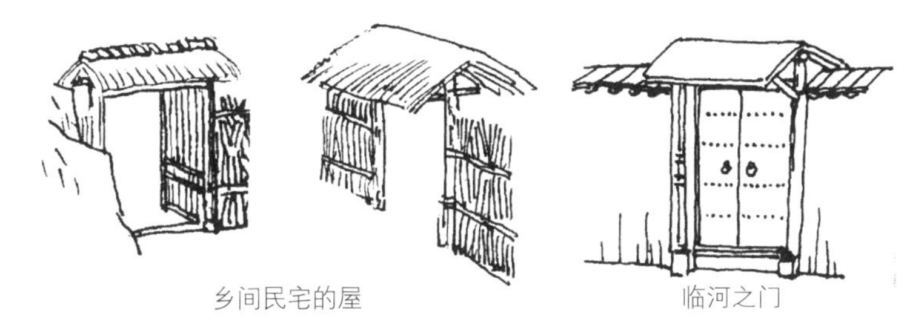

乡间民宅的屋

临河之门

两座乡间民宅的门屋，均以稻草（茅草）为顶。

此图所绘为临河之门。

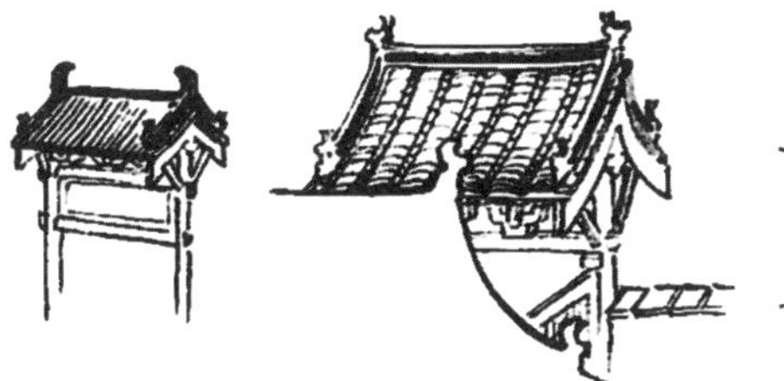

《金明池争标图》中的衡门

《清明上河图》中的酒店衡门

南宋何筌《草堂客话图》中的衡门

金明池御苑中之衡门，甚高。

《清明上河图》一家宅子酒店之衡门。

南宋何筌《草堂客话图》所见茅草顶的衡门。

5. 栅栏门

佚名《曲院莲香图》（线图）

南宋佚名《曲院莲香图》中的红色铁栅门，门扣及装饰纹样作金黄色，为宋画中仅见之一，当为宫苑中的实样描绘。这道空透的铁栅栏门，比起封闭的宫墙、院墙，更符合园林建筑的观赏需求，无疑是南宋造园艺术的一个进步。这可能是我国最早出现的栅栏门，连《营造法式》和宋人笔记都未曾注意。

佚名《杨妃上马图》中这扇对开栅栏门与栏杆等高，估计在60厘米左右，北宋张择端《金明池争标图》中也有同例此前所未见，可能是江浙民间的半人高蝴蝶门（有对开和单扇两种）的雏形。

佚名《杨妃上马图》（局部）

李公麟 《丹霞访客图》（局部）

李公麟 《丹霞访客图》中隐士之居所以篾片或苇杆编成外墙，编篾为门，裁树杆为门框和墙柱，野逸之气盎然。宋人凡画乡居、隐庐，多有类似的表现。

窗

唐五代至北宋画中房屋上的窗子似仅两种，一是直棂窗，二是方格眼窗或斜方格眼窗。都是固定在墙上不能随意卸下的，窗内再设帘帷屏风以防风保暖。刘道士《湖山清晓图》中之格眼窗与窗下木板是连在一起的，已有槅扇窗的基本结构，但不能启闭。

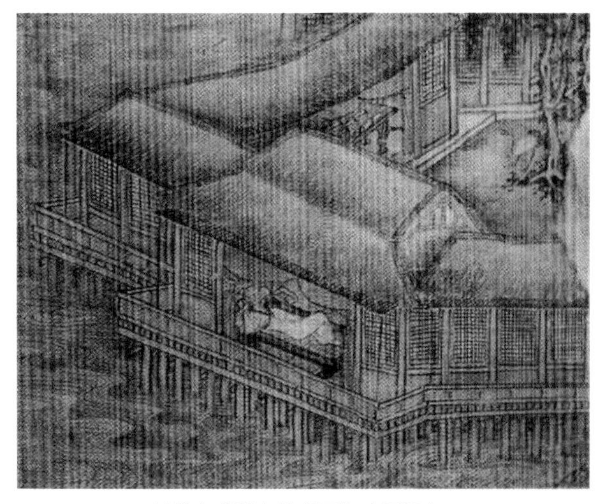

刘道士《湖山清晓图》（局部）

1. 直棂窗

董源《溪岸图》中内屋墙上的直棂窗，是那时使用最普遍、制作最简便的窗子样式，几乎无处不在。

董源《溪岸图》（局部）

2. 方格眼窗

陈居中《文姬归汉图》中为高官住宅内厢房之对开大方格眼窗。何筌《草堂客话图》中的对开半窗乡居之小方格眼窗，两窗结构、形制相同，可见其样式盛行一时，沿用至今。

陈居中《文姬归汉图》（局部）

何筌《草堂客话图》中的对开半窗

佚名《杰阁熙春图》（局部）

3. 一马三箭窗

佚名《杰阁熙春图》中，一马（一竖条）三箭（三横条）式是直棂窗的一种。与方格眼窗相比，别具疏朗之美。宋画中可找到三四个同样的例子，说明此式并不是明代发明。

4. 槅扇长窗

梁楷《黄庭经神像图》（局部）

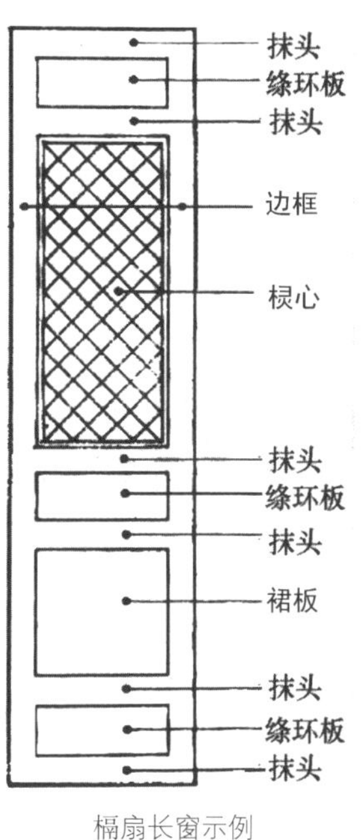

槅扇长窗示例

梁楷约生活于宋理宗朝，已在南宋中后期。其梁楷《黄庭经神像图》画中已有标准的槅扇长窗。这种窗的长度以抹头多少计算（如右下图）。最长为六抹头，二抹头则为装在半墙上方的窗。

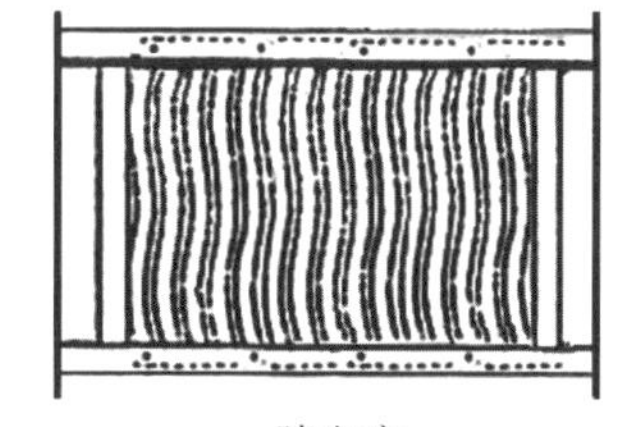

睒电窗

支摘窗

5. 支摘窗

支，指用木条支撑起往上半开的窗。摘，指取下支杆即可将窗关闭。

6. 睒电窗

这种窗可能因很难画准，从未在画中显身。

河南洛阳金墓出土的四抹头砖雕槅扇窗墓壁装饰

7. 雕窗

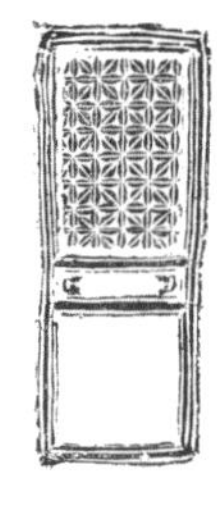
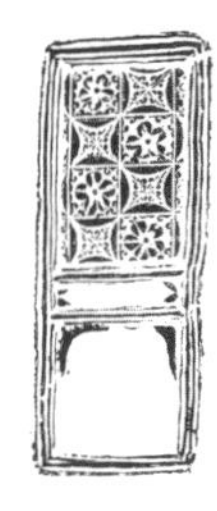

洛阳涧西宋墓内壁花格眼窗拓片

雕窗，即雕花格眼窗，在宋画中未见，在宋诗文中有“画窗”一词，却少见“雕窗”者。但山西、河南出土的宋金墓壁上有仿真雕窗形象。四抹头，格心部分几何图案已较复杂，约有双交四椀菱花窗等多种样式，绦环板与裙板上的图案采用折枝花写实浮雕，技术要求更严更高。墓中的陈设皆为还原墓主生前的真实环境，可见宋金现实生活中必有这种雕工复杂的雕窗，只是未见于绘画，或因画面太小，无法下笔。

山西侯马金墓出土的四抹头雕窗墓壁装饰

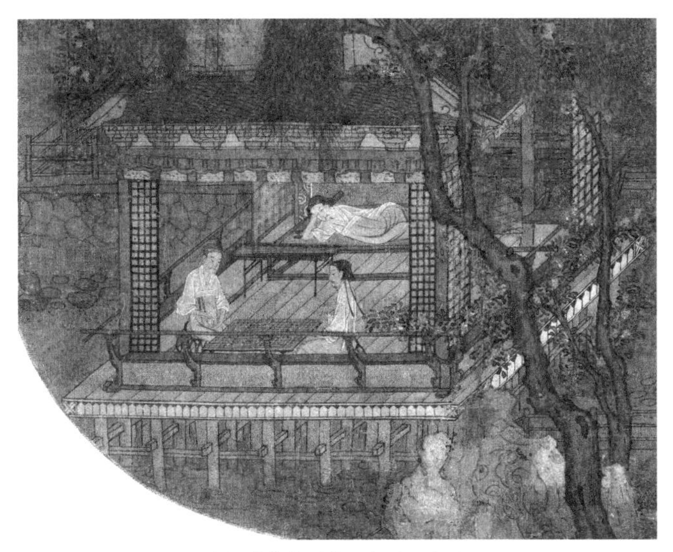

佚名《荷亭对弈图》（局部）

8. 槛窗

佚名《荷亭对弈图》中可见槛窗勾栏。槛窗勾栏者，下为半墙的坐凳板称为坐槛，在坐槛上临湖一面装有美人靠可供凭倚，在其内侧装上可装卸的格眼窗，就是槛窗。勾栏，即围着屋四周设栏杆，二者合建在一起就是槛窗勾栏。此图将这一设施表现得最为清晰。

夏圭《雪堂客话图》（局部）

夏圭生活在南宋后期，其《雪堂客话图》显示了沿用百余年的可装卸格眼窗的新变化：在保留部分格眼半窗的同时，将整个外立面装上了黑色木板，在窗的上方加装起可向上翻起的黑木盖板。为支撑住它的重量，用了四根支杆！大约作于同时或稍后的佚名《西湖清趣图》中，充满了这种黑盖板支摘窗。只是为何涂黑，尚不见记载。

栏杆

1. 寻杖栏杆

宋画中的栏杆可分为三类：一是建在一个平面四周的，称为勾拦，正面中间或左右有豁口供出入；二是以栏杆最上横杆（名寻杖）为特征的寻杖栏杆；三是建在踏道（台阶）两边称为垂带栏杆的，用于保护人上下时的安全；三是设在园林中路旁水边的，高低、材质不一，制作较简单。

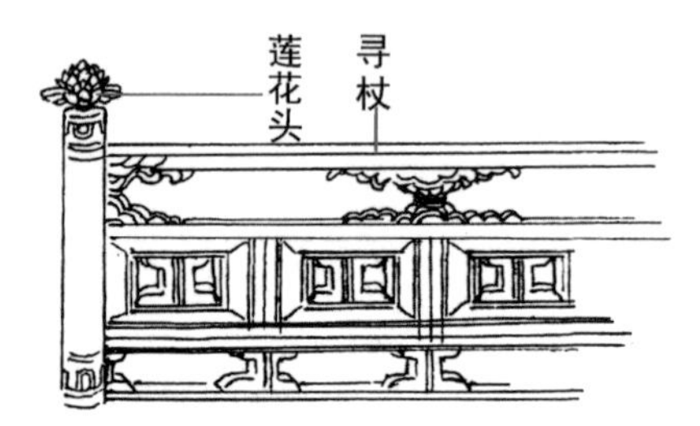

《消夏图》中的木栏杆，据考宅主为亲王，故有奢华感。

武宗元《八十七神仙卷》中的栏杆，能随地形作弧形转折，颇为奇丽。

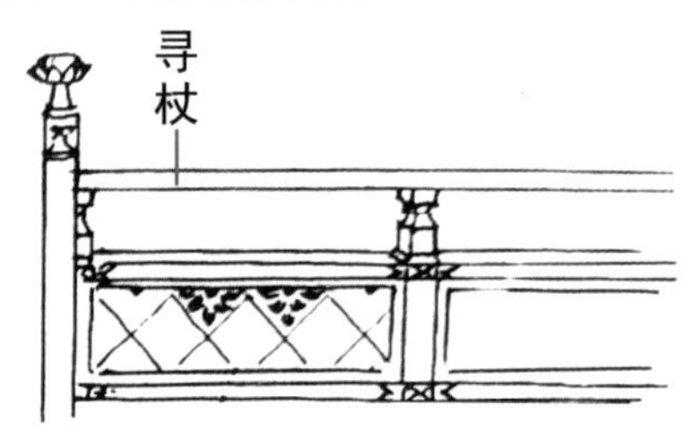

宋《妙法莲华经》引首中佛寺内一木栏杆。裙板内为四方连续彩画。

宋单幅画中的栏杆望柱

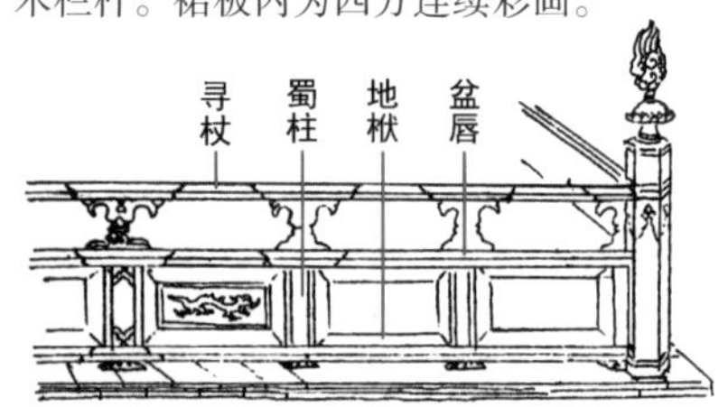

佚名《折槛图》中之宫内木质施漆彩绘栏杆。栏杆落地处为错缝叠加的散水方砖。

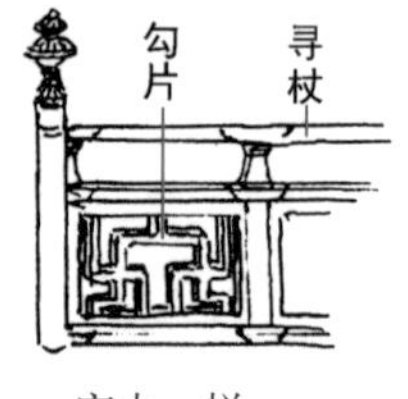

宫中一栏

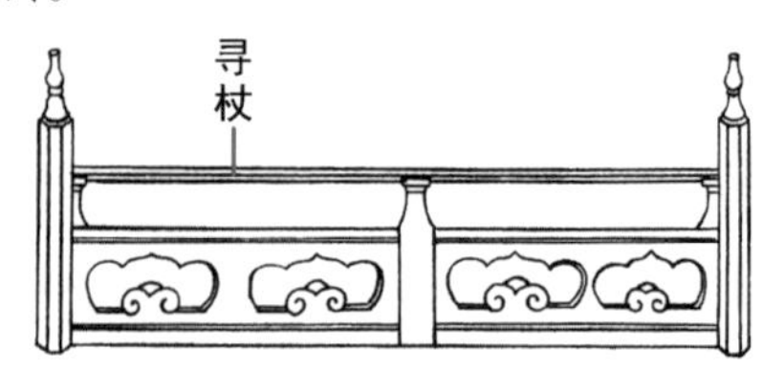

南宋牟益《捣衣图》的石栏，每两柱之间一低柱。

2. 绞角造栏杆

“绞角造”栏杆，即两根横栏（均为圆木）直角相交时互相叠压，以等长超出望柱头向前延伸如叉状。与此为对应，若两根横栏直角相交时一起插入望柱柱身，称为“合角造”，明清栏杆皆为后者，“绞角造”遂成宋代独有的栏杆样式。

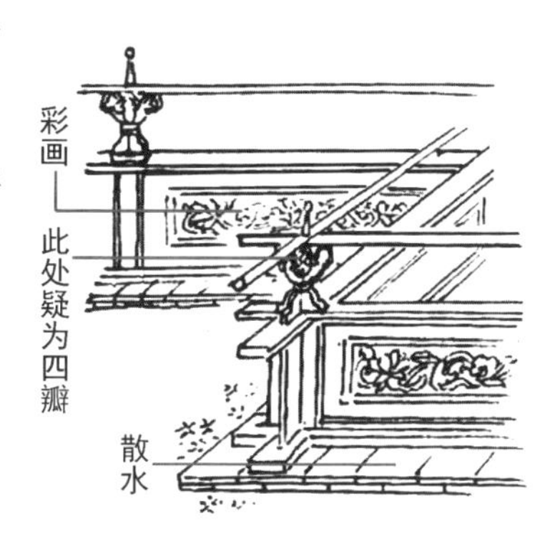

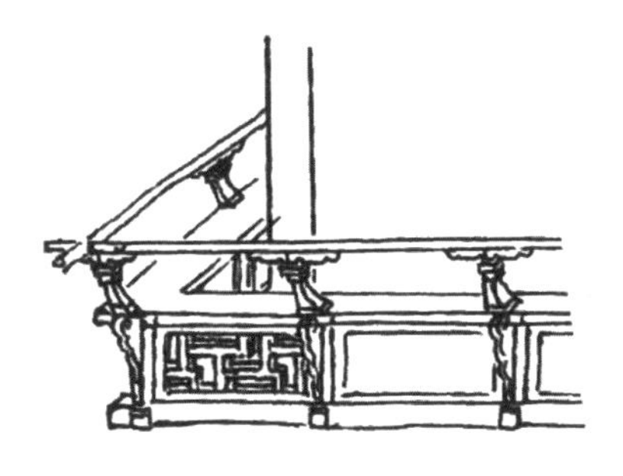

山西金国岩山寺壁画中一酒楼之“美人靠”栏杆。

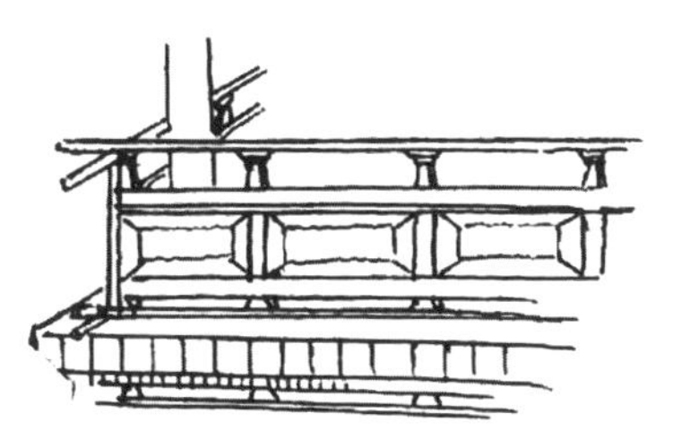

刘松年画中水堂之木栏杆。

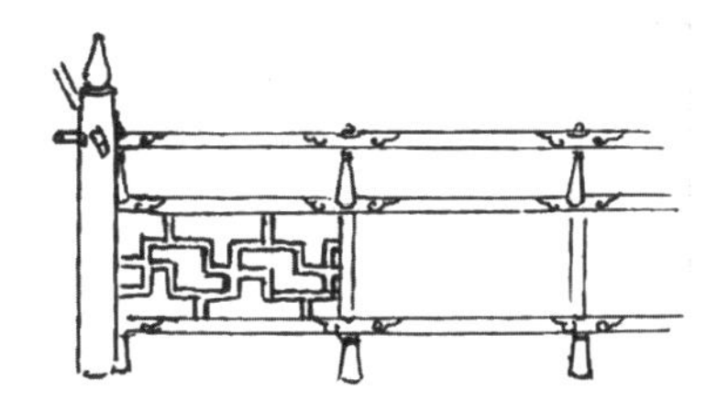

此为南宋画中最复杂的栏杆图案，由此可知其时尚无明清之繁复。

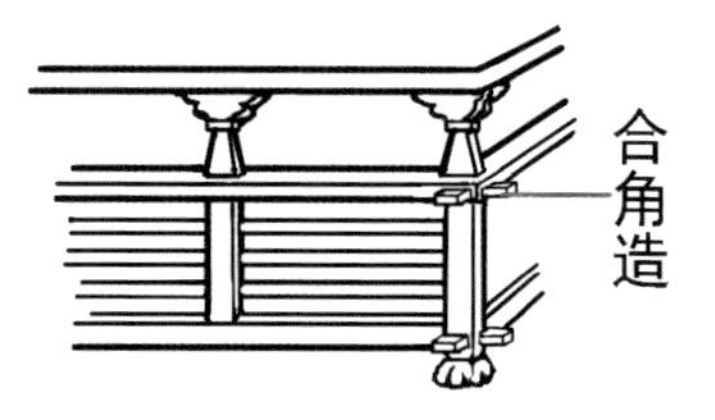

《清明上河图》中一酒楼之栏杆，柱头皆不出栏。

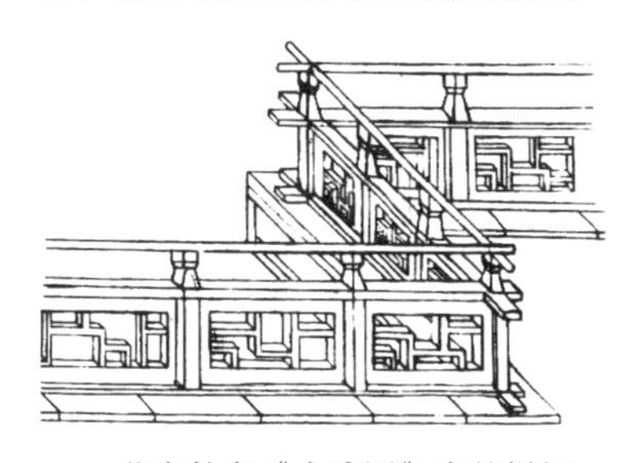

北宋佚名《十咏图》中的栏杆

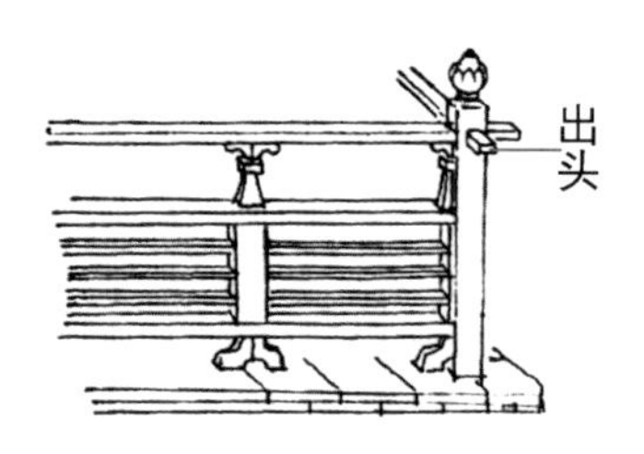

3. 垂带栏杆

台基上下处设踏道，多作台阶，台阶左右两边以片石定型成斜坡状，片石朝上一面称为“垂带石”，安装在石面上的栏杆故名“垂带栏杆”。与明清同类栏杆不同的是，宋式垂带栏落地之望柱前不设“抱鼓”。所以只要画着抱鼓垂带栏杆的，基本上可以认定不是宋画。以下为南宋李唐《晋文公复国图》的三例垂带栏杆临摹线稿。本书中另有不少这样的例子可供参看。

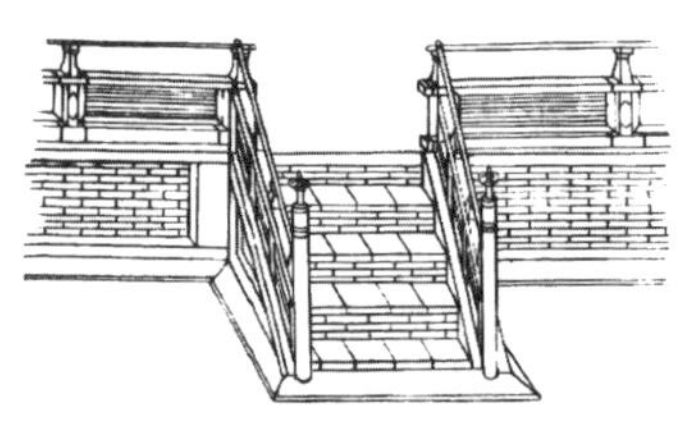
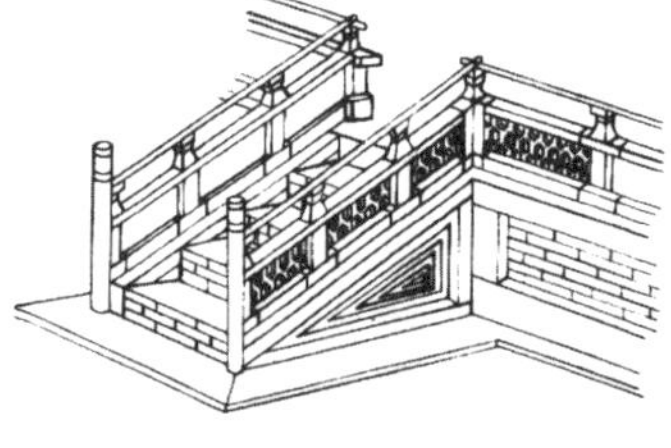
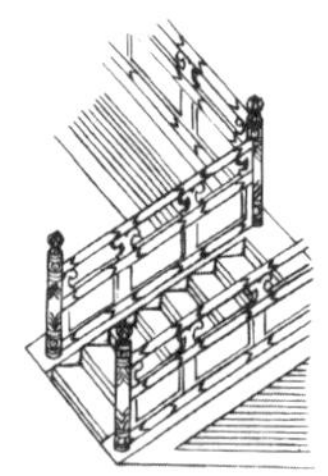

李唐《晋文公复国图》中的垂带栏杆（线图）

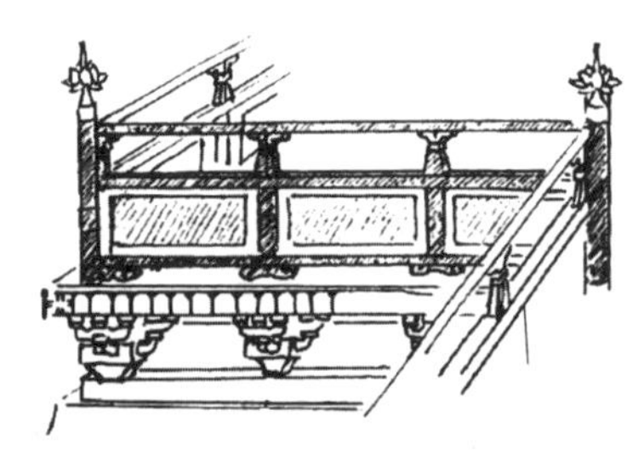

刘宗古《瑶台步月图》中建于高台基上的栏杆及垂带栏杆一角。

北宋《契丹使朝聘图》中一殿之两座垂带栏杆，落地处皆无抱鼓石。

明清望柱前抱鼓石的构成和做法

综上所述，宋式栏杆的特点有：1.木质多，能彩画，故有“画栏”一称；石质少，故“雕栏”仅是帝王家物。2.栏杆只在起迄及转折处设望柱，不论多长，再无高过寻杖之柱，整体感强。明清则每段栏杆都高竖望柱，长栏远眺如栅。

高台基

宋画中有多处建筑物是建于高台基上的，以利防潮去湿，提高视点，开阔视野。高台基的外立面几乎都做成巨大的砖雕，形式多样，可惜无高清照片难以放大，唯有萧照《中兴瑞应图》中的这座高台基砖雕外墙，可知其大概。

萧照《中兴瑞应图》(局部)

李嵩《汉宫乞巧图》中高台基的砖雕外墙

张择端《金明池争标图》中宝津楼高台基砖雕外墙（线图）。

宅院

佚名《乞巧图》

佚名 《乞巧图》（局部一）

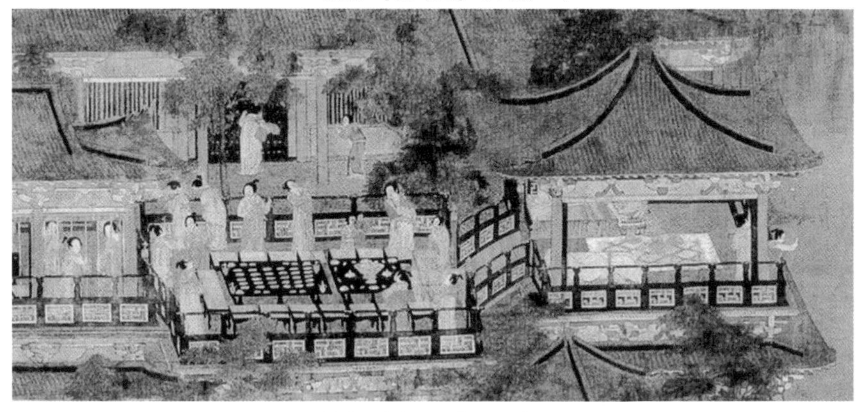

佚名 《乞巧图》（局部二）

佚名《乞巧图》中所画应是北宋初甚至更早时期的大型住宅。最明显的标志是檐下还装着唐代流行的人字拱，值得注意的是：

上图：屋正面无门窗，靠整幅与开间一样大的竹帘分隔内外。这种做法一直延续到南宋初期，直到格子窗普遍使用，帘幕才退至窗后。当中一间二柱内侧与门槛相连的黑边框，可能是冬日安装门窗的框架。

下图：中国古画中第一次出现的露台，是利用一层屋顶做成的，四围栏杆，高及人腰。南宋时杭人中秋赏月，“亦登小小月台，安排家宴”，说明经过二百多年的发展，这种屋顶露台已成百姓家的寻常设施。

1. 城中宅院

陈居中《文姬归汉图》组画之一

陈居中《文姬归汉图》画的是东汉末年故事，但人物衣冠与建筑都是南宋的样式。宽屏式的构图表现了一座高官住宅大门前后的情景。大门正对丁字街系制度规定，以便遇紧急情况时顺利出入，庶民家的门就只能开在巷中。大门为单檐悬山顶三开间，台基中间作“断砌造”，山墙上的梁柱画得十分明确。入门为庭院，中竖影壁，正对大门的三开间大堂略高于门屋，堂后穿廊通出画外。堂左右为廊屋，接两侧厢房。所以这座大门可以看作是南宋杭州众多王府、皇后宅以及与大臣府第大门的通用样式。图右上方之屋为直棂窗，显见是杂用房，如厨房、库房、走廊等。

值得注意的还有围墙：围墙转折处的外轮廓线是斜线，说明它是下宽上窄的夯土墙，只在底部砌砖加固；屋顶外挑出的痕迹，因为夯土墙顶部是无法加宽的。

佚名《女孝经图》组画之一

佚名《女孝经图》所绘可见南宋初富有之家的庭院一角。正屋立柱旁自顶至地延伸向右的黑框线，与《乞巧图》中的情况相似，因找不到黑框内装门窗的例子，无法说明它的功用。出人意料的是，正屋的柱、梁既不是深褐色或暗红色，而是草绿色。根据南宋建造慈福宫的施工报告，休息场所用的正是草绿色的柱子。草绿色给人以平和、安祥的感觉，有利于人放松与休息，完全符合色彩学的原理。左屋外墙上半部一色的宽格子窗，下半部是刷白的墙，与《文姬归汉图》中窗的做法完全相同。屋基立面全部加砌砖石，形成整齐的平行线，落地再铺散水方砖。

佚名《汉宫秋图》一

佚名《汉宫秋图》二

佚名《汉宫秋图》三

佚名《汉宫秋图》所绘虽然号称“汉宫”，按其建筑形制与种种细部来看，说它是南宋的一处贵邸豪宅更为确切。

佚名《汉宫秋图》（局部）

此局部所绘是宅内最主要的一座三屋一体的悬山顶建筑，中屋之前再接一座狭长的檐廊，宽四柱三间，中无踏道（无台阶）供人上下进出。时值仲秋，因未装木格眼落地长窗，可以透过檐廊看清正屋及两侧耳房的结构，原来耳房两面皆为格眼门窗，左右开门可通内外，朝里才是墙面（也可能是板壁）。主屋内一架巨大的立屏挡住了视线，整个空间显得宽大敞亮，估计此屋只是一间引客入内的过厅，后面才是待客晤谈甚至宴饮之处。

这座前屋的两侧，连着敞开的四间围廊，廊左拐弯即为一座十字坡脊顶方亭，亭内廊壁开门，正对着后屋耳房木格眼窗中开着的侧门。后屋与前屋结构相同而稍宽，但后屋用歇山顶，明显高于前屋。以前后两屋为中心，以围廊为一区块的建筑之后，是规整的栅栏，入内即为后院，可能就是宅主家属们的居处。 这一区块之左，是一条流贯全卷首尾的小河，有红栏小桥通往对岸，岸边红栏整齐，岸上芳林掩映，巨岩拱揖，是主人游赏行吟之处。

佚名《会昌九老图》（局部一）

佚名《会昌九老图》（局部二）

“会昌”是唐武宗的年号（841—846），“九老”指白居易等九位参加雅集的退休官员。相对于宋人而言，这是一幅历史画，也是宋人喜闻乐见的一个题材，但图中临水建筑的栏杆、柱网、竹片编成的围墙等细部，还有一扇固定的格子窗木板门，都是入宋才有的样式。

所画系贵邸庭院一角。一座建于突出在池面平台上的歇山顶小屋，格眼长窗中间敞开着，可见与墙面等大的帷幔向两边撩起，露出整齐的木栏杆，其两端应连着内柱，被幔和窗挡住。小屋前后竹影摇曳，衬出屋面积雪，也衬出主人的风雅。水中平台也以砖砌立面，岸边复设低栏。平台对面毛石驳岸，复设齐腰横栏。

刘松年《冬景图》

刘松年 《夏景图》

图中临水大屋，屋之中堂仅见明间、左次间，又左为耳室，分别盖歇山顶，可见等级之高。中堂外无台阶，表明所画系堂之背面，故堂后另起高屋顶，方是堂之正面。时值初夏，格眼窗尽卸，仅存横披一带与屋角一扇，可见屋内结构大略。紧贴在格子窗后的是一溜栏杆，再是前后紧随的二柱（耳室内前后仅二柱），再往后，又二柱间隔较大，明间中露出大屏座基。屋周巨岩如蹲，杂树繁花，长松修竹，反映出南宋贵邸建筑园林化的新高度（注：这两幅刘松年画作系日本私人藏品，为近年之新发现）。

刘松年《四景山水图·春景》

刘松年的《四景山水图》不仅是绘画史上的杰作，也是建筑史讲到南宋时必引的形象资料，借以说明南宋杭州西湖边富家庭院的布置与设施，以及木格子窗的运用。

此图中楼上外层格子窗已拆，仅留檐下横披，里层格子窗则以淡墨勾出。图中最值得注意的是主楼人字形两坡屋顶结构清晰，可以看见搏风板后面的山墙变成了两截：上半截是山墙，下半截是斜庇。这种结构本属于歇山顶侧面的做法，但歇山顶侧面的山墙与斜庇是暴露在外的，图中的上下两截则“躲”人字框内，从正面是看不到它的变化的。这样一来，它就不是歇山顶而仍为悬山顶，既扩大了面积，又不违反一般民宅不得用歇山顶的规定，并不“违制”，且更有利于防雨和延长使用寿命。所以，这种屋顶在南宋绘画中多次出现。

刘松年《四景山水图·夏景》

图中这座庭院占地颇广。掩藏在绿荫中的主屋通过曲廊到达面朝西湖的湖堂。堂前凸字形露台宽大平坦，围以栏杆，左右设置太湖石与花木。露台前凸处通过一座短小的平桥，可至水中升起的亭子。这座亭子的屋顶与《四景山水图·春景》主楼四庇屋顶的做法完全相同。炎热的天气已让主人拆去了所有的格子窗，就连湖堂也成了只见柱子的敞堂。湖亭只存下最外沿的四根细柱，表明是秋后安装格子窗的支架，据此不难想见冬日木格子窗裹亭如笼的情景。此图的可喜之处，还在于画出了一把似能调节靠背斜度的圆木躺椅。它也许有可能是中国第一把躺椅。

刘松年《四景山水图·秋景》

刘松年《四景山水图·秋景》（局部）

这座湖畔庭院的门前，以平桥与外界相通，入门后再经小平桥到对岸，才进入主屋区。侧向对着拱桥的一屋屋顶与《四景山水图·春景》中的四庇屋顶的做法完全相同，但此屋结构更加完整清晰。人字庇、搏风、悬鱼、内外两层格子窗、台基，以及室内桌子、屏风无不刻画精到。图中以密树繁瓦把装着两层格子窗的居室衬托得豁亮明净，成为全图的视线中心。格子窗里层裱糊着白色窗纸，使黑漆窗架、窗格与家具轮廓分明，情趣古雅，整个庭院愈显宁静与安祥。

刘松年《四景山水图·冬景》

刘松年《四景山水图·冬景》（局部）

图中由回廊连通的三处平屋装满格子窗，把屋与廊严密包裹起来。此图表现了三个亮点：

其一，主屋前加设了一座卷棚顶抱厦。卷棚顶是古代建筑中常用的一种屋顶形式，无正脊，但唐宋绘画中极少见卷棚顶屋顶，此处出现卷棚顶仅用于抱厦，南宋末年的另一佚名图卷中有卷棚顶的凉亭，都用于配套建筑的小面积屋顶，可见还处于初试阶段，还未广为运用。

刘松年《四景山水图·冬景》（局部）

其二，门朝庭院的一屋设内外两层木格长窗，外层窗内是两扇同为木格长窗的移门。这种移门早在南宋初期画家萧照的《中兴瑞应图》中就有明确的表现，不同的是，移门是上半部为格子窗，下半部为窗板。移门下的轨道，两图都画得非常明确。这种移门在此前的绘画中未曾见过的，故可以说是南宋发明了移门这一全新的形式。移门既不占地又能开合自如，与可装卸的木格长窗搭配尤见浑然一体。

萧照《中兴瑞应图》（局部）

刘松年《四景山水图·冬景》（局部）

其三，向外推开的整扇木格子长窗，显然是至今在江南水乡仍可看到的临河民居向外推开的长窗的先声。尽管窗的材质、形式有所变化，原理和结构却始终如一。

赵伯骕《风檐展卷图》

赵伯骕《风檐展卷图》中，主屋自檐至地面的外层木格子窗已全部卸下，只留下安装格子窗的黑色框架，由此可以清楚地看到平常看不见的屋柱与斗拱、立柱间的半墙与“美人靠”。屋内右侧两幅挂轴。估计左侧也当如此。大屏前设榻，右置枕屏，大小二屏与左右挂轴上画的都是山水，由此形成了一个用画中山水包围的室内空间，这就是宋词中频频出现的“画堂”了。

佚名《桐荫玩月图》

佚名《桐荫玩月图》表现了京城中高官住宅进入大门后的第一个院落，敞开的过堂里有圆凳二只，台基下铺着散水方砖。阶前高梧耸峙，根部有砖砌的六边形树穴，旁列盆荷。过堂廊屋外墙装格子半窗，透过垂下的窗纱，可见里面的榻。过堂后是宽高的正堂，堂后楼房重檐歇山顶，可见其等级比《四景山水图》中的楼高多了。楼上两层木格窗之间上有卷帘，下有栏杆。楼前园林，花棚蕉石，灼然可见。这种主楼朝南而门朝东或朝西的做法，是很多江南老房子的传统布局方法。

佚名《松荫庭院图》

佚名《松荫庭院图》表现的应是城中富家住宅。长廊中有门，入门可至后面居家的前堂后屋。前堂是一座悬山顶三间平屋，左右各有一间屋面稍低的“挟屋”，正面都装有格子窗。正屋中间为过堂可供人走通，中设屏风，两侧为起居间。长廊另一头为杉树林，中有方亭，广庭中石花坛大且雕琢精美，非豪富不能有此。这种庭院居中、四周长廊的老屋，20世纪70年代还能在杭州的小巷深处不期而遇。

马麟《松阁游艇图》（局部）

马麟《松阁游艇图》中描绘的是华贵庭院中的一座“茅屋”。茅屋的台基，屋旁的花坛，都用白石砌成，屋檐下设整扇细格子窗，窗内陈设考究，说明主人身份的不同一般。单檐歇山顶虽以茅草铺成，侧面山墙上的搏风、悬鱼，无不做工精巧。茅顶下斜接出篾编凉棚，棚底衬布帛，于棚沿檐垂下整齐的荷边。看似不协调的装修，正反映了南宋京城部分高官附庸风雅以吸引士大夫注意的心态。故王府贵邸，庄园中确有伪田舍存在，外观为竹篱茅舍，极具田野风情，而室内陈设则极为奢华，如此图者。

佚名《寒林楼观图》（局部）

佚名《寒林楼观图》（局部线图）

佚名《寒林楼观图》是南宋绘画中少有的巨幅之一。下半部所画寒林里露出的一组建筑中，有南宋绘画中最高大的一楼。楼建在高台基上，高三层。一、二层正面七开间，当中三间前又突出一楼，单檐歇山顶。三层楼从二楼屋面升起，五开间，单檐大歇山顶，由斗拱托高，挑出甚远。整座楼布满了格子窗，未装窗处，或帘幕低垂，或人影参差。一楼右侧有廊屋通出画外，楼左前为悬山顶前后二屋……

画中之楼虽依稀可见酒筵之属，但无欢门、酒旗之物，可见不是酒楼。根据宋人笔记推测，此楼当为贵戚私园。如临安“城北张园”中就有面宽十一间的群仙绘福楼，并有一年四季不断的雅集活动，时满座高朋，常令宾客“恍若仙游”。对照此图，似更贴合。

2.村舍山居

燕文贵《溪山楼观图》（局部）

燕文贵《溪山楼观图》为北宋早期枕山面水的民居建筑群。令人惊奇的是，它的一大半房屋都建在一个架空的巨大平台上。从平台的几处立面可以看出，平台是用原木拼搭铺成的。平台则由并列的无数柱子从乱石中向上托起，平台下并未封死，有利于湿气与潮气的飘散，保持平台的干爽。平台外沿设置木栏杆，其上每一座房屋的“门”其实只是一间始终敞开的通道。两间敞开的“门”里，地面上画出并行斜线，表示室内也是木板铺地，一处“门”前架设木台阶供人上下。所有朝向溪流的墙面都开设等高的直棂窗。最后一屋之后，是半开的木衡门。这组建筑除屋顶外，几乎全用未经加工的木料建成。墙体的建造，可能如富阳、诸暨沿江乡间那样，先用卵石堆垒成形，再涂上黄泥，干后刷白。由于用材比较特别，也就形成了特别的神韵，厚重、朴实、古雅，与环境融为一体。不仅宋画中少见，其他朝代的绘画中也罕见其俦。这样的木屋建筑群，似未曾受到足够的关注。

高克明《溪山瑞雪图》中的乡间茅屋可以代表那一时期内中原地区的同类建筑：夯土泥墙，直棂窗，无固定之门，仅以竹（苇）扉，用时搭檐

高克明《溪山瑞雪图》（局部一）

高克明《溪山瑞雪图》（局部二）

上半掩为门。茅草顶，前后屋中以廊屋相通，如工字形。主屋旁就势做小屋，为辅助用房。临水下排柱，托起屋前平台，围以栏或矮墙。北宋画中之村屋大多如此。

王希孟《千里江山图》（局部一）

王希孟《千里江山图》这一工笔重彩青绿山水长卷是我国绘画史上的杰作，同时也集中展现了是我国12世纪初江南乡村建筑的样式，包括各种类型的住宅、园林、寺观、酒店、水磨、桥梁以及舟船等真实形象，是了解当时建筑最直观的可信资料。傅熹年《王希孟〈千里江山图〉中的北宋建筑》一文对画中建筑作了详细考究，并作了一批摹本。根据建筑的布局，分为：（1）一字形住宅；（2）曲尺形住宅；（3）工字形住宅；（4）大型住宅等。对这些建筑在构造上的共同点，傅文归纳如下：

1. 一般在台基（砖或土）上立柱建屋；有的大型建筑在地上立柱，架梁铺板做成平台，再在平台上建屋；临水建筑在水中砌砖基，再在砖基上立柱建屋，或在水中立柱建平台，再在平台上建屋，这种先做平台再在平台上立柱建屋的做法，即杆栏式建筑。南宋同类建筑都按其法建造。

2. 画中房屋梁架皆为梁柱式，都用直材，未见彩画、斗拱，没有穿斗式梁架。

3. 所有房屋屋顶没有正规的宫殿用庑殿顶；虽有歇山顶，但无瓦兽装饰，屋角不起翅，仅寺观正脊用鸱尾；有的悬山顶四周加引檐，仅形似歇山顶。大部分建筑皆为悬山顶，无脊饰、搏风板、悬鱼等构件。所有亭子皆用四角攒尖屋顶，草顶多，瓦顶少。

4. 一般房屋面阔三间，五间较少，七间极少。

王希孟《千里江山图》（局部二）

5. 门的形式有：（1）篱笆为墙，中开篱门，无门框与立柱。（2）衡门，即二柱顶部加一横木。（3）衡门上加两坡屋顶，时称“独脚门”。（4）门屋规模有大小，一至三间皆为两扇对开门。门板皆黑色，个别门的上部有直棂格，极个别大门内有夯土影壁。

6. 窗。所有房屋的窗皆为直棂窗，构造简单。有的窗宽一间作黄色斜方格，当为编竹之意。个别宽一间不分窗扇画直方格，当为固定的木方格窗。

7. 墙。画中房屋皆作白粉墙。柱子露明，可见墙是编竹或编苇秆抹泥做成，干后刷白。除影壁外，未见夯土墙。篱笆有三种做法：（1）垂直木栅；（2）编竹篱；（3）周围木框，中以席或编苇为墙。

8. 引檐、凉棚。画中很多房屋前后檐或四周挑出做席棚，以遮阳、防雨，称为引檐。另有凉棚，构造同上，但较大，立柱于地，棚与檐平。

通观全卷，可以发现画中没有一处砌着封火墙（俗称马头墙）的民居，故能断言至北宋末年，江南乡村尚未发明与使用封火墙。

王希孟《千里江山图》：有篱笆墙的村居

王希孟《千里江山图》中有不少用各种篱笆做围墙的村居，围着数间和十余间黑瓦盖顶的平屋，间有若干茅屋。全图没有一处设有坚固的防御性较强的土石围墙，生动反映了北宋末期江南地区社会的富庶和安宁，以及人际关系的和谐。

王希孟《千里江山图》：有楼房的村居

王希孟《千里江山图》中建有楼房的院落在全图恐不足十分之一，但楼房并没有在外观上表现出豪华的装修，与左邻右舍形成天渊之别。换言之，贫富差距并不悬殊，这才使全图至今渗溢着平和静美之气。

王希孟《千里江山图》：恬静的水村

王希孟《千里江山图》：特例

左图描绘了两座跨涧而建的干栏式观景敞屋，皆附有稍低的左右挟屋。湍急的涧水从屋下喷涌而出，形成飞流直泻的瀑布，成为山下水磨坊用之不竭的动力。

右图为全图最特殊的一处建筑。少有的三开间门屋，入内两侧各有一座方亭，对门是一座十字坡脊顶、建有台基的大屋，其后中屋五开间，左右挟屋也各五间……这是一处公共建筑，是祠堂、学校，还是乡公所？尚无定论。

南宋宗室画家赵伯驹的《江山秋色图》，可与北宋王希孟《千里江山图》媲美，它集中展现了江南山区的主要建筑形态，如民居、寺院、栈道、廊屋、亭阁、无梁桥等。此画令人对当时山区的各类建筑有了直观的了解，是研究南宋初期山区建筑样式最可信的第一手资料。

赵伯驹《江山秋色图》（局部）

图中山顶上绘有一个四合院。品字形分布的三座平屋皆为硬山顶，柱露明，屋檐下搭出引檐，与左侧曲廊围成一方小院。三屋之中间一屋较宽大，约五开间，左右两屋皆三开间。曲廊引檐下直棂窗贯穿首尾，如带状。以廊柱计，其长约为八九间，中有一门以通出入。廊左端接出一悬空平台，台下以数根木柱直插崖坡。台上有棚，正有一人坐内。整个院落内的入口之门在右侧坡下，土墙门屋，门内有踏步上升，通向小院，旁置疏栏，显示出山路的险峻。有二人鱼贯而上，似访平台上之坐者。这种山居，在现今偏远的乡间仍有所见，唯建材有所改进而已。

赵伯驹《江山秋色图》（局部）

赵伯驹《江山秋色图》中，山村寨口垒石为墙，巍然如城门楼，寨内民居高下，粉墙黑瓦，寨外数屋临溪，隐显于树木间。寨后有路上山，直通关隘，愈见地处险要，依稀如《水浒》中某家庄等情景。

赵伯驹《江山秋色图》（村寨线图）

赵伯驹《江山秋色图》（局部）

这是全卷最引人注目的一个局部：随山势蜿蜒升降、盖有廊屋的栈道。它用一排四柱的等距离重复，扎根在陡坡上，再在柱头上架设横梁，铺上木板，立柱建成廊屋，行走其间，可避雨雪与曝晒，可歇肩小坐，可欣赏山景。这种充满奇趣、极富人性化设计理念的建筑，堪称南宋建筑师的天才创造，既为山川增辉，又切合实用，可惜现已无从寻觅。唯有遗留在浙南山区中的无梁木廊桥，还渗溢着南宋遗韵，令人流连忘返。

赵伯驹《江山秋色图》（栈道线图）

赵伯驹《江山秋色图》（局部）

围墙
露出木柱
似为格子窗
回廊
围墙
此处似非民居或为寺观

赵伯驹《江山秋色图》
（白色重檐歇山顶大屋线图）

放大细看山坡上这处逐层升高的白色重檐歇山顶大屋，发现白色上有极淡的底线，怀疑白底上的颜色已全跌落，所以成了不可知其然的谜。根据北宋末年宋徽宗大力推崇道教，到处兴建道观的情况推测，此大屋可能就是一处道教宫观。前页局部所绘山顶重檐大白屋也当作此解。

左上：可能为山中很孤单的一座小庙。

右上：三四间屋组成的山顶小院，垒石为墙，豁口为门，屋皆加引檐。

左下：建在悬崖上的工字形民居。

右下：又一悬崖上的曲尺形两座干栏式民居，有架空的大露台，还撑着大篷。

一个依山傍水的小村落

《江山秋色图》卷中零落在山间的山居，可以看出赵伯驹生活的南宋初期，山间尚无格眼窗，与《千里江山图》中的村居建筑风格基本一致。

佚名《高阁迎凉图》

佚名《高阁迎凉图》中这座建于土坡上小院，使人想杭州吴山山坳中曾有的民居。独门独户，简陋但舒适恬静。这一小院中只见两屋一阁，平屋还装着直棂窗。

楼阁画得简约，细看其实盖的是四庇悬山顶，与刘松年《四景山水图·春景》中的楼阁相同。可见这种既不违制又扩大了实用面积的做法很受欢迎，当时颇为流行。山墙上梁柱裸露，几乎没有装饰构件。外表朴野、环境清幽，组成了一个符合文人心理的自得其乐的空间。

佚名《耕织图》（局部）

佚名《耕织图》以精细的描绘，表现了南宋江南农村男耕女织的生活。画中农舍虽被人物、器物所分割而显得不够完整，但茅顶、竹篷、山墙上的格眼窗、室内的直棂窗都画得十分真实可信。在同类题材的绘画中，没有一幅比它更具体贴切。

佚名《湖畔幽居图》

佚名《湖畔幽居图》风格与马远、夏圭一派相似。茅屋露出三分之二的立面，除去敞开的中间堂屋，右侧为半墙半窗，一扇向外开着，从另一扇看应为三抹头式窗。敞开的门内，对门为一屏。屋后一屋略高，与前屋成直角相邻。马、夏二人是南宋后期的画家，故此屋应是当时乡间民居的流行样式，以至今日在偏远之地还能偶遇这类结构相似的老屋，也许这正是南宋后期乡间民居窗的做法。窗面太小，无法深入了解，或仍为方格眼。

马和之《女孝经图》之一

佚名《雪窗读书图》（局部）

马和之《女孝经图》与佚名《雪窗读书图》画的都是乡间的茅屋，可见夯土墙与地面。两画最可喜的是清晰地展示了柴门前后的结构，尤其是关门后门栓、门撑是如何“合作”把门关实的细节。这是画家很少会关注之处，不然就成了令后人无解的“盲点”。至于《女孝经图》中二老席地而坐，是为符合《女孝经》原意而作，南宋已无此习惯。

佚名《秋窗读易图》

南宋最早在画中表现方格眼窗的，是活动在南宋初期的南渡画家萧照，刘松年则活动在南宋中期。从佚名《秋窗读易图》这幅画中可以发现，已经风靡城市的方格眼窗开始进入农村民居。这位隐居乡间的文人的书斋，门两侧仍装着直棂窗，朝大门与朝河面却已装上了方格眼窗。这种新式窗显然让主人感受到更多的阳光，又能轻易地避风抗寒，这是直棂窗无法相比的。

佚名《溪桥策杖图》（局部）

佚名《溪桥策杖图》中画的乡村楼房，虽是柴门茅舍，照样与时俱进，楼上装饰格眼窗。只要条件许可，没有人会拒绝居住条件的改善与进步。可见木格眼窗不只盛行于京城，也是南宋一代建筑的整体性特色。少了格眼窗，也就失去了它的时代标志。

佚名《高阁观荷图》

佚名《高阁观荷图》所绘为乡间幽居一角，篱笆墙内花繁叶茂、高柳垂荫。临水的阁中里层格眼窗明净如洗，外层的格眼窗仅存拐角处的立柱，下半部倚柱设栏。卷起的竹帘画出下垂的质感。主人侧卧榻上，正在享受宁静中飘送过来的淡淡荷香。阁左前之屋也设格眼窗。横竖方正的线条与篱墙上繁密有序的斜线组成鲜明的对比，相映成趣。

何筌《草堂客话图》

何筌《草堂客话图》所绘是一座典型的山乡幽居，土墙茅顶，松竹垂柳，简朴的外表下仍有与城里士大夫家一般的格眼窗。此窗被画家加以特别渲染，跃然纸上，分外夺目。屋外临溪的坡上，建一茅顶方亭，檐下四出席棚以遮阳避雨。全图最亮的白色格子窗似在告诉后人：可不要小看这山乡幽居，这里一样可以享受时尚。

夏圭《梧竹溪堂图》

夏圭《梧竹溪堂图》描绘了江南山间远离尘嚣、隐士之居的优美环境。半隐半现的茅屋，也装着风行一时的格眼窗，使这僻远之地平添了几分与时俱进的亮丽风韵。围绕在屋前空地的，是低矮的疏栏、青石柱、竹（木）栏杆。借此可以想见栏外地势陡然下降，画题中的“溪”正在它的下方淙淙作响，流淌不息。

佚名《水阁泉声图》

佚名《水阁泉声图》中窗的新变化来了！

图中的水阁外层格眼窗已改成了上、中、下三分的涂黑的木板窗。上下固定，中间的窗板往上翻起，用木棍撑住，可以调节窗板的斜度，成了支摘窗。里层仍装有可装卸的格眼窗。经此一改，外层木板窗就不用装装拆拆，省去了许多劳累与不便，且更利于抗拒寒风急雨的侵袭。唯一不足的是，木板窗的采光效果无法与格眼窗相比。这幅带有南宋后期马远、夏圭画风的作品表明，流行了百余年的格眼窗终于跨入了新一轮的变革。

夏圭《雪堂客话图》

夏圭《雪堂客话图》中平屋的临水一面以木板为壁，中设支摘窗。撑起的窗内左右又设木格眼窗，窗后有勾起的帘幕。主宾二人后面是一大屏风，屏面上是龙飞凤舞的书法。为了表现人物活动，这处木窗可能有所夸张，或是数窗合一。这么大面积的木板，是很难翻起和关闭的。如改成四扇“各自为政”的翻窗，那就能启闭自如，不费大力，即便侍女佣妇也能一手操控了。这种以多扇木板窗朝外翻起，内设朝里开的格眼窗的做法，现今还能在江浙水乡找到实例。

孙君泽《莲塘避暑图》（局部）

在南宋风行百余年几乎无处不在的格子窗，到了元代杭州画家孙君泽的笔下，已经变成了槅扇窗。窗的上部是透空的直棂条，用于采光通风，下部是密封的裙板，用于防风保暖。只有横披依旧。改进后的槅扇窗不再需要时装时卸，也不需要在外面再装一道格子窗。明清的槅扇窗虽还有改进，但大局已定。南宋完成了对中国古建筑中窗的变革，随着槅扇窗的普遍运用，窗上变化无穷、千姿百态的格眼在城乡住宅中突出展现着古老文化的精彩一笔。

六、园林建筑

園林建築

我国古代人造园林景观有着悠久的历史，北宋末年引发天下大乱的诱因之一的“花石纲”，就是宋徽宗为建造新的御花园闯下的大祸。南宋国势稳定后，临安(杭州）、平江（苏州）、湖州等地的御苑和王公贵族们的私园遍布城乡风景绝胜之地。

造园是一门很深的学问。我国造园的基本原则就是人造而如天成，源于自然而高于自然，简言之就是处理好山、水、树木和建筑的关系，为此古人积累了丰富的经验。下面我们只谈宋代特别是南宋的园林建筑，包括公共游赏设施、皇家与私家园林等。

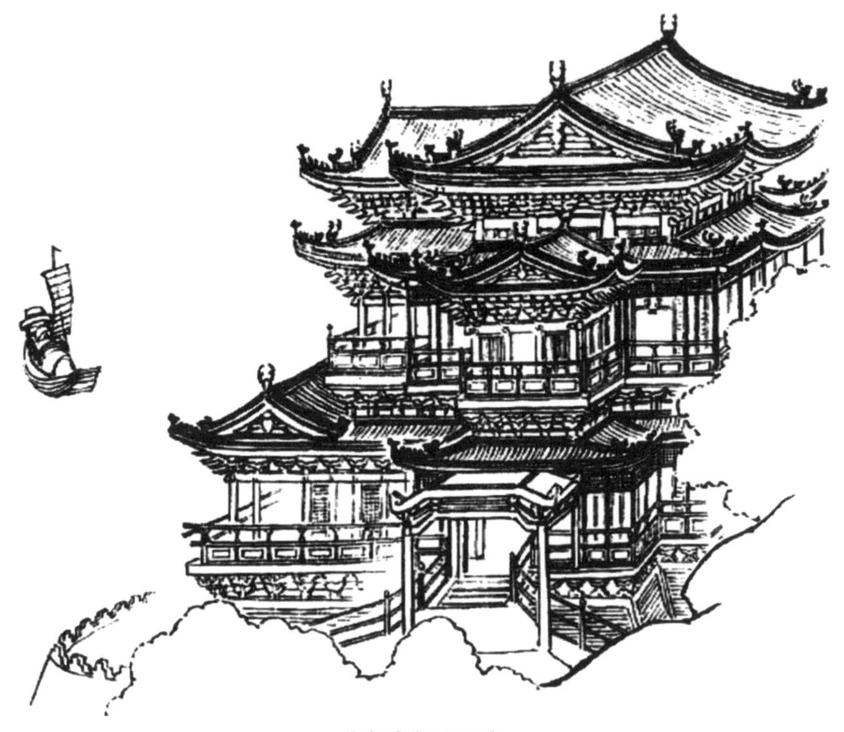

佚名《滕王阁图》

据刘敦桢《中国古代建筑史》介绍，宋代公私园林特盛，造园艺术与园林建筑艺术同步发展，形成了独特鲜明的时代风格。尽管宋代的建筑规模一般小于唐代，“但比唐代建筑更为秀丽、绚烂而富于变化，出现了各种复杂形式的殿阁楼台。在装修和装饰、色彩方面，灿烂的琉璃瓦和精致的雕刻花纹及彩画，增加建筑的艺术效果”。南宋精巧秀丽的建筑风格进一步发展并更加密切地与江南的自然环境相结合，景随步移，因景造园的建筑手法，“一直影响到明清”。

山亭·路亭

李成（919—967）是北宋初年的名画家，在其《群峰霁雪图》这幅竖长的立轴画中，重峦叠嶂，树木流泉，别无其他建筑，仅有一座平常的方亭置于全图视觉中心，似乎暗示着亭在山景中有着今人无法理解的独特地位。无独有偶，南宋也有这么一幅仅画一亭的作品《木末孤亭图》。所不同处，仅在于这座方亭建造得更富时代和地域特色，即檐下四角各装一扇木格子长窗，朝里一面还裱着白纸，故不见格眼。如穿越到千年前的宋代，山中可能出现的建筑，只有寺观祠庙、贵府别墅、村舍山居，均属私人之地或半公共场所，唯有凉亭是全年、全日开放的公共场所，可以接纳所有临时歇足、暂蔽风雨甚至蜷宿一夜的过客，加之当时文人有在亭壁题诗、和诗的爱好，亭还具有路人隔空交流和文化传播的功能，所以不起眼的亭就成了宋画中的主题。

李成《群峰霁雪图》（局部）

佚名《木末孤亭图》

郭熙《云山行旅图》

郭熙（约1000—约1090），是北宋中期最负盛名的画院画家，也受到士大夫们的好评。其《云山行旅图》立轴中唯一的建筑也是一座四角攒尖顶的方亭，令人惊讶的是，这座建于荒寂云山中的野亭竟然还张挂着巨大的帷幔。如将帷幔放下闭合，就成了一方帷屋，可以安稳地暂度一宿了。也许这正是建亭者的初衷：为长途旅行者提供免费的临时过夜处。果若如此，北宋社会公益事业推广的深入真是太出人意料了！

郭熙《松下会友图》

郭熙《松下会友图》也以方亭为中心，亭中二友只是点景人物，增加一点供人遐想的情趣。亭很一般，茅顶，柱下三面设低栏，故人席地而坐。一面下临陡崖，大江空阔，天地无垠……在今人看来极平常的亭，却成了宋人山水画中少不了的主角，可能有着更深层的原因，值得追寻。

佚名《溪山无尽图》（局部）

金代佚名《溪山无尽图》绘有一乡村旅游景区。凡临水处皆设护栏，置三亭，其一筑木桥上，两庇顶，柱六，如屋，然无坐具，朴野别有古韵，表现了金占区中北方的山水风光。卷中另有山村聚落，山峦溪流，皆蔚然可观。但与金朝同一时期的南宋相比，这一图卷中的园林建筑水平显然落后了至少几十年。这一不争的事实，反证了南宋文化的先进。

孙君泽，元代杭州人，生平不详，是继承南宋马远、夏圭画风最好的传人。其《楼阁山水图》之一画山间建于高台顶上一屋，歇山顶，槅扇窗，竹帘半垂。屋前露台勾栏，有人凝然远眺。左下角露屋一角，反衬坡之高。

孙君泽《楼阁山水图》之一

此轴《楼阁山水图》之二画半山间的凉亭。四方攒尖顶，柱间设有美人靠坐板，四角自檐至地安装木格眼窗的黑支柱还在，美人靠已是前朝的样式，但故国已亡！两位挚友只能在这松涛阵阵、时响时低的潺潺水声中，一吐衷肠了。

孙君泽《楼阁山水图》之二

佚名《西湖清趣图》中画了许多高台基建筑，令人惊讶不已，可惜大多皆仅几根外轮廓线而已，根本无从了解高台基的外观，以及台基与台上建筑的结构关系。

孙君泽的作品既有马、夏雄健挺劲的笔意，兼有刘松年、李嵩一般再现楼台细节时的精确与深入。其所绘《楼阁山水图》所画高台基及台上下结构甚详，使人在观赏的同时，对其中建筑也可有所知。

孙君泽《楼阁山水图》中的高台基建筑

水阁·水堂·水亭

佚名《荷亭消夏图》

佚名《荷亭消夏图》中四角攒尖重檐顶的水堂全部建在水中，体形超常，气势非凡。如按堂后廊距推测，其宽约为三间，而一般的水堂宽仅一间，堪称是水堂中的庞然大物了。堂后廊屋三间，与岸上装有格眼窗的后堂相连通。整组建筑全用红柱，可见为湖边某一御苑之景的留影。

佚名《水榭看凫图》

佚名《水榭看凫图》曾传为五代时南唐画家周文矩的作品。但图中的格眼窗却说明，只有南宋住宅才有此装置。再说室内有如意头凳脚的方凳，也是典型的南宋样式。两名侍女的发式、服式也与宋人无异。虽然五代刘道士的《湖山清晓图》中已有格眼窗出现，但那是不能随季节拆卸而相对固定的，图中的格眼窗却可以随时装卸，除了最边沿的一扇外，其临水部分显然已尽拆去。

赵伯驹《水阁凭栏图》

赵伯驹《水阁凭栏图》中十字坡脊歇山顶的水阁由排柱托出水面，正面山墙上的搏风板、悬鱼以及屋脊的转折关系虽画得简约但准确到位。除了横披部分，外层格子窗只剩下了四根框柱。横披下是高高卷起的帘子，柱的下部是线条简洁的栏杆。里层的格子窗还留着大柱旁的左右两片，阁内用一扇大屏划出前后两个空间，主人坐前，凭栏凝望。阁后有廊桥通出画外。赵伯驹活动于绍兴年间，他记录的这种水阁与地面连通的方式几乎成为其后百年不变的定式。

佚名《水阁纳凉图》（局部）

佚名《水阁纳凉图》中水阁建筑比赵伯驹画中之水阁更加复杂。它的水中部分除了柱网，柱顶再加斗拱，由斗拱组成平座，上建水阁，稳定性更强。水阁为重檐歇山顶，可见等级之高；阁正面中间外加抱厦（即龟头屋）一间，表明此阁之正面有三间之宽。综上所述，此阁主人当为二品以上高官。

赵士雷《荷亭清夏图》

赵士雷《荷亭清夏图》中，楼、堂、亭、廊，层次分明。前为四角攒尖重檐顶方亭。檐下格眼窗仅剩横披与四根框柱，露出四根亭柱。方亭与亭旁的树、驳石平台、平桥等组成前景。亭后长廊，自右通向单檐歇山顶水堂。水堂未卸的屋角落地长窗，细看竟是一马三箭式窗棂。廊后杂树空疏处可见楼上整齐的格眼窗。如此精雅宽畅的居住空间，可以看成是当年围绕在西湖四周的权贵们的别墅小景。作者是南宋宗室，也许画的就是他的宅院。

佚名《荷汀水阁图》

南宋地处江南，无处不在的水面正好成为住宅园林化的好资源，故凡临水近水处，皆筑水堂、水阁、水亭。佚名《荷汀水阁图》中所画即湖边一角之景。正面向人者即为二小（耳室）一大（水堂）连体屋，大多装满格眼窗，可见时节还很寒冷。这种水堂最大的好处是开窗时水光晃漾，满室空明，令人沐爽风而神飞扬。

佚名《溪山水阁图》

佚名《溪山水阁图》中山野间的两座水阁笔法简约，外形一致，仅前后位置不同。前屋背面有一条短廊连接地面，说明屋下出水之柱颇高，以防大水时遭水淹。旧时浙南瓯江边民居多有如此样式者，远望屋半如凌空。屋后巨峰如削，远山重叠，正是浙南景象。

夏圭《观瀑图》

夏圭《观瀑图》以前景一亭为主体，单檐歇山顶，建于溪流之上，溪水从支柱中淙淙流出。由于它是一座公共建筑，不需要时装时卸的格眼窗。构造简单而富野逸之气，与环境浑然一体，顺其自然反有无尽的诗意。

佚名《高秋观潮图》

佚名《高秋观潮图》中这组建筑临江布局，形成工字形平面。前屋为单檐十字坡脊歇山顶，后屋为单檐歇山顶，二者间连以穿廊。三座建筑都有格眼窗，面江一侧檐下还装有凉棚，栏杆绕室。廊的底线下画出斗拱，表明其下为台基。左下树隙中有桅杆升起，反衬出这组建筑是建在面江的高坡上，凭险凌空，极江山之胜。以今用词冠之，堪称“江景房”。

佚名《江天楼阁图》（局部）

佚名《江天楼阁图》中陡崖上的楼阁无疑是南宋时期的一处公共建筑，供人登眺望远，快目怡情。这组建筑由主楼、后轩、左廊屋、右露台组成，皆建在高排柱凌空托起的平座上，形成了典型杆栏式建筑。凝重刚劲的直线，透空可见前后的结构，使楼阁似横空出世，既灵动如展翅，又坚固若磐石。楼阁只有立柱而无门窗。凭栏纵目，四望无垠，集千里江天于一览。建造者的巧思妙想与游人的心理预期，借此杰构不谋而合。如果为迎合时尚，这处也设格眼窗，不啻自找反复修理的麻烦，徒耗人工钱财，也不为游人所称便，反增磕磕碰碰的意外摩擦无以自解。于此可知，古人是深得因地制宜、相机行事之道的，决然不会干“一刀切”的蠢事。

马远《雪景四段图》（局部）

马远《雪景四段图》笔意简率，画出西湖雪景。前景层楼，重檐歇山顶，三开间。被简化的格眼窗，仅存窗框竖线。当中一间帘幕半开，四周围栏杆。下为平座及一楼屋顶，其平面呈丁字形，两翼平展，后出“龟头屋”。其右为宽阔的露台。这座宏伟之楼可能就是文献记载与诗词中反复提到的丰乐楼，位于涌金门外濒湖处，是新进士们的会宴之地，入元仍在。

夏永《丰乐楼图》（局部）

夏永《丰乐楼图》所绘丰乐楼与马远画中所绘为同一座楼，不同是的，马远所绘之楼带有艺术夸张，夏永所绘之楼则拘于写实。

佚名《江亭闲眺图》（局部）

佚名《江亭闲眺图》所绘为一座建筑平面为凸字形（即龟头屋）的水阁，正面歇山顶，全部建于水上，有柱栏而无窗，显然是一处公共景观设施。底层勾栏正中开口，以便游人上下船。在传世宋画中，凸字形水阁似仅此一例，画风也与南宋画作不同。

佚名《西湖春晓图》

佚名《西湖春晓图》真实描绘了南宋时西湖边的一角之景。有塔耸立的北高峰的外形虽作了较大的夸张，依然能认出并感受到它的特有神韵。前景濒湖，垂柳笼烟，高树叠翠。柳荫中露出的房屋画得比较随意，近前一座门屋装着对开两扇门，上半部为直棂格，下半部为整块的裙板。从前山与远山的关系推测，前景中偏于右侧的小山当为西湖中的孤山，隐现于树丛中的屋顶应为道观西太乙宫内的建筑。

陈清波《湖山春晓图》

陈清波《湖山春晓图》最值得注意的，是右上角湖堤旁的重楼。这组建筑由门屋、院墙、主堂、重楼与廊屋组成。重楼的屋顶为中间高、两边低的单檐歇山顶，中间之屋因此略高于两侧之屋。面宽三间，每间四扇长窗。左右各一间，共设长窗八扇。整个两层楼朝湖的一面，共有长窗二十扇，这在南宋已是非常宏伟的建筑了。楼前主堂则是中间高两旁低的三川硬山顶。由于这组建筑处在画的中景，笔画简单，所有外立面的格子窗，只存下边框线，无法一一描绘格眼，但结构明确无误。据《南宋院画录》记载，陈清波曾画过西湖十景，几乎所有作品都与西湖有关，因此这座重楼当为西湖边的某一实景的写照。

夏圭《西湖柳艇图》（局部）

夏圭《西湖柳艇图》为公认的描绘南宋后期杭州西湖真实面貌的佳作。这一局部正好在全图的底部，画临湖而居的船家。前排之屋几乎都在水中打桩立柱，再在柱上搭梁铺板建屋。所有的窗户都是最简单的直棂窗。据记载，明代初年杭州许多民房都用竹片或芦苇秆编排成墙，两侧涂上黄泥，干后刷白，即成美观的“粉墙黛瓦”，南宋当也是如此。左侧全是茅屋，更加简陋。相比那些装有双层格眼窗的豪宅贵邸，真可谓是天渊之别。

佚名《江亭望雁图》

佚名《江亭望雁图》中绿树掩映着一座突出水面的四方茅亭，设美人靠，有人斜倚远眺。左岸翠竹摇曳，岸下有船暂泊……画面简约而意趣无穷。这种充满野趣的茅亭，与周边环境融为一体，令人心境放松，无所挂碍，可见古人深得造园之妙。

亭，是我国园林中最常见、形式最丰富多变的建筑形式。宋画中的亭除了供人途中歇足观景，不少私园中的亭兼作会客聚饮之处，因而也设格眼窗和帘幕，成了缩小版的堂馆。

刘松年《四景山水图·夏景》中之湖亭

马远《雪中水阁图》中之院内池亭

马远《雪中归棹图》中之水亭，无木格眼窗，全用大帘幕作围，具明显的江南风格。

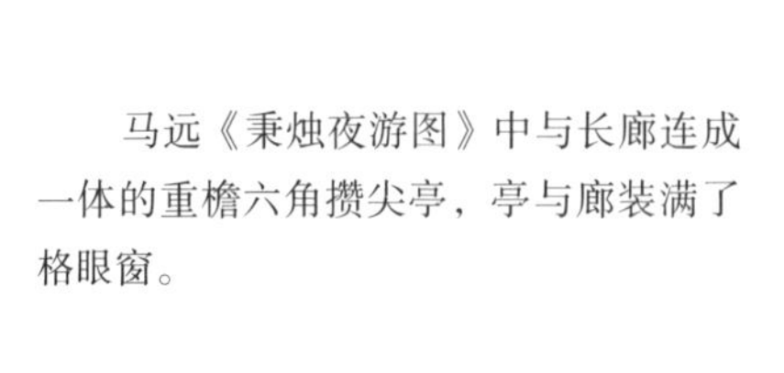

马远《秉烛夜游图》中与长廊连成一体的重檐六角攒尖亭，亭与廊装满了格眼窗。

佚名《溪亭客话图》所见水亭

这是目前所见宋画中结构最复杂的亭。重檐，上层为四角攒尖顶，四角的弧度也极罕见。下层为十字平面，类似卷棚顶。台基甚高，可俯瞰梅海。

马远《雪中水阁图》（局部）

马远《雪中水阁图》中，这座私家园林中的水亭设施豪奢，柱侧已装格眼窗，横披下有帘半卷，帘后又有大幕中分。窗、帘、幕三者关系，在此清晰分明。天气若再寒冷，可以先将帘放下，再将大幕合拢；再冷，可将帘外空处的四扇格眼窗全部装上。南宋朝廷每年自冬至起供应取暖用的木炭，根据职务高低，大小官员都能配给不等的炭。像这样有私家园林的官员，在亭中用炭盆取暖，应不是一桩难事。

马远《茅亭纳凉图》

马远《茅亭纳凉图》绘有一临水茅亭。乍看这座临水茅亭并无新奇之处，但联系此前马远所画建筑可以发现，曾经围绕在檐下的格眼窗连屋角的支架都已了然无存。经过近一个世纪的磨合，南渡的中原贵族的子孙们终于适应了这里冷热悬殊的天气变化，时装时卸的格眼窗已成了多余的累赘，那就一并撤除吧！

佚名《西湖清趣图》中所绘之亭，都是供天下游客途中少歇的公共设施。据载，每年早春，由朝廷拨款，由临安府雇工修缮沿湖桥、道、亭、观，以备春游旺季之用，可见亭在招徕游人中的重要。

四方攒尖顶亭，三面设美人靠

六边六角攒尖顶亭

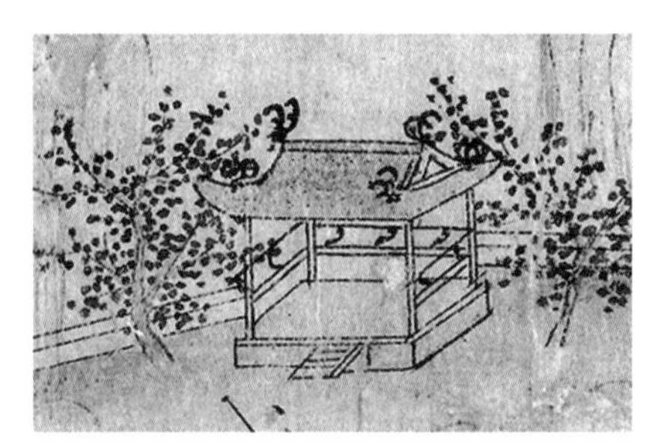

四方歇山顶亭，三面设美人靠

十字坡脊顶亭

卷棚木板顶长方亭

湖边御苑中的红格子窗亭子

牌坊

张择端《金明池争标图》中的御苑牌坊

牌坊最早出现于晚唐（约875—907）。牌坊的前身是乌头门，立于户主门外，书以总结性的二三字奖词，由此逐渐演化成街巷乃至景区的标志性建筑小品。但从宋代地图与宋画所绘的牌坊形象来看，宋代牌坊仍属初创期，与明清牌坊相比仍较简单朴拙。

牌坊源起乌头门，以后发展成两种类型：一是如乌头门式左右柱出头的，称为冲天牌坊；二是加盖屋顶，柱在屋顶下，故称牌楼。

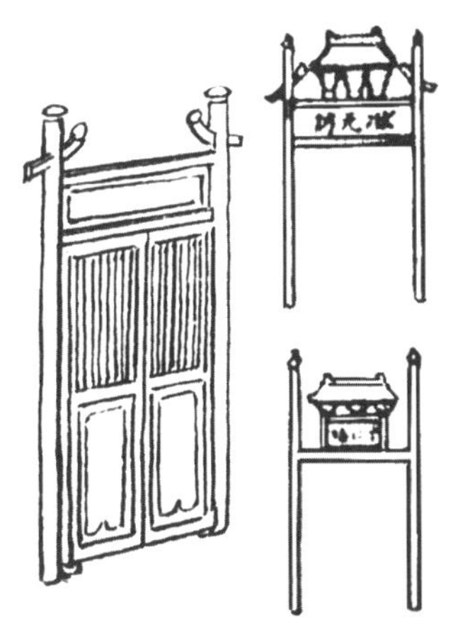

绰楔门

萧照《中兴瑞应图》中城楼马道入口之绰楔门（比乌头门低一等）

佚名《西湖清趣图》中三座并列的红乌头门

《西湖清趣图》中绘有孤山四圣延祥观的三座并列的红乌头门。图中这类牌坊施以红色，揣其意有二，一是属于皇家宗教建筑；二是属于公共建筑，为醒目易于远视辨识。

南宋《平江府署图》
中的小型牌坊

南宋《平江府署图》等城市地图中有不少写着地名的小型牌坊，成为遍布城市街头巷尾的指路牌。左例红色木柱瓦顶，右例疑为砖砌山墙刷白加瓦顶，醒目而饶有情趣。

张择端《金明池争标图》中的牌坊

张择端《金明池争标图》中的牌坊为小歇山顶，下为斗拱，两柱二横木（枋额），平花板题“琼林苑”三字。为了固定立柱，柱前有戗柱自顶斜撑于地。由于全图画面不大而牌坊又处于配景位置，牌坊上是否有彩绘图案已无从判断。但其结构的原始、风格的简朴，远不可与明清同类型牌坊相比，此则确然无疑。但不可小觑的是，这看似其貌不扬的牌坊，堪称是中国现存无数同类型牌坊的开山之祖！

佚名画师所作画中的三屋一门牌坊

南宋民间佚名画师所作画中绘有三屋一门牌坊，是目前所见宋画中最宏伟的牌坊，中间屋顶下的竖方块为写字处。

传为唐李昭道《曲江图》中的两座牌坊。右例正与南宋地图中一例相同，但其时尚无牌坊，可见此图当为南宋人托名伪作，无意中留下了第一座重檐三门牌坊的形象。

南宋地图中的牌坊

这座写着地名的牌坊也见于南宋城市地图。造型颇为奇特，好似一个小屋顶骑在一个大而长的屋顶上。目前可见牌坊中似已无同类型实物。

《曲江图》中的两座牌坊

目前我国大陆似已无《曲江图》中相似的牌坊实物留存，笔者在网上介绍琉球古迹的照片中发现有一牌坊，结构与外形竟与之相像。（引自网络）

坊门

坊，原是古代城市中的社区，设立坊门，定时启闭。北宋市场经济迅猛发展，冲垮了束缚人们活动的坊巷制，坊门逐渐转变成指路牌式的公共建筑，竖立在街头巷尾。宋画中保留着的坊门形式有两种：一种称为红门子，与有屋顶的牌坊相似，仅设有对开的红栅栏门，一般为重要场所的出入口；一种为白墙黑瓦，跨路而立，中无门，墙根还设有防撞的栅栏，多设在风景区景点两端，以为间隔和提示。佚名《西湖清趣图》中绘有各式坊门，上述两种坊门形式均有所见。

湖山堂内坊门

苏堤北端坊门

德生堂右侧红门子

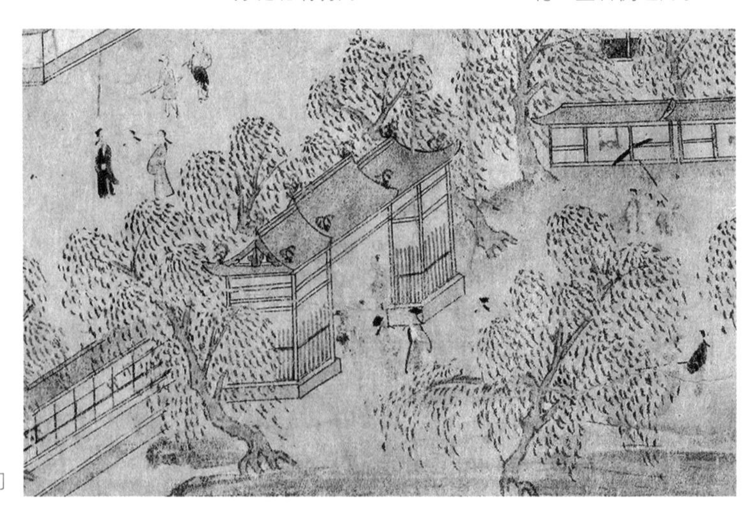
苏堤南端坊门

七、寺观

寺觀

俗话说“天下名山僧占多”。历代古画也莫不于崇山峻岭中绘有寺观，或半藏于烟云，或显露于绝顶，造成奇险深远的意境，勾引起文人骚客探胜访幽的雅趣。综观五代至两宋山水画中的寺观建筑即可发现，一是寺极多而观极少；二是寺院的样式基本上绝少变化。无论北宋、南宋，还是北方、南方，寺院建筑似不受时间、空间影响，可以相互参看。寺院中除不用庑殿顶，一般佛殿都用歇山顶、木壶门、直棂窗、夯土墙与石经幢等。一般有寺必有塔，高耸的塔有助于打破建筑立面的平淡呆板之感。只有到了南宋中后期，寺院中才出现格子窗，但仅用于后殿与僧舍。

佛寺

佚名《雪麓早行图》

佚名《雪麓早行图》中，三进大殿因屋顶积雪显出按中轴线排列的严正秩序，在林梢上渐次抬升，终于耸天的塔刹。最低一殿稍稍转向，暗示着山路至此而折。右陡崖，左绝谷，遥山屏列，构建成尘外圣境。

张择端《清明上河图》（局部）

张择端《清明上河图》中，可见一座城郊寺院的大门，寺门与院墙皆薄罩赭红色。大门由并列的三门组成，建于凸字形台基上。中门三间悬山顶，檐下斗拱八组，额枋下立四柱，中二柱间距稍宽，往里缩入为大门，两侧设木栅栏，栏内各有神将立像一尊，门前有斜面踏道。左右二门各三间，中一间作断砌造，以便车轿出入。

江参摹范宽《庐山图》（局部）

江参是南徐（今镇江丹徒）人，生于北宋，主要活动在南宋初期，活动范围约在杭、湖、衢三州，故所画山水皆浙西风物。其摹范宽《庐山图》中，这座山间寺院因势而造的大门，有削足适履的偏促感，山门面阔三间，重檐歇山顶，中为门，两侧墙上开壶门形窗。这种形式与明清时期的山门几乎相同，可以找到许多实例。

佚名《溪山图》（局部）

佚名《溪山图》是北宋早期绘画，画中佛寺极宏伟，自下而上层层升高。外墙间柱露明，有敦煌壁画中唐寺遗风。大殿庑殿顶，其后似为穿堂，后为楼更宏阔，其上凌空复为两层之楼，楼右有塔耸天而起。整个建筑群如从丛林间拔地而起，势极雄伟。而佛寺的建筑虽未详尽，已见其因势布局、借景造园的奇思妙构。

李成《晴峦萧寺图》（局部）

李成《晴峦萧寺图》中，这座寺院以高耸的重檐顶六面楼阁式塔构成全图的视觉中心，刻画尤为准确。塔下部分树枝交错，颇难尽窥，细辨其右下，竟为三重檐五开间高台基，一楼楼前一殿门洞开，有踏道上下，夹道栏杆与台基勾栏相接。左侧较难辨清，唯顶端似为一重檐观景之阁。李成是宋初三大画家之一，所绘皆中原景象。

燕文贵《江干雪霁图》（局部）

燕文贵《江干雪霁图》中，画有一座临江寺院之全貌，楼阁参差中，一条沟通前后屋的弧形长廊引人注目。这种弧形、圆形甚至S形的廊，顺应地形、地势的变化而建，不仅合于实用，且为山河增色，也增加了人们的行径之乐，因而在宋画中频频亮相，说明宋人对它情有独钟。

佚名《江帆山市图》中一处环山包的弧形长廊，为仅有几座建筑的小聚落平添了几分诱人的姿色。

佚名《江帆山市图》中的弧形长廊

燕文贵《秋山琳宇图》（局部）

燕文贵《秋山琳宇图》系北宋早期作品，画中这座寺院，除了主楼下的两面白墙，外立面全都画成了红色，但敦煌壁画中唐五代寺院的外墙是作白色的。这颜色由白而红的转变，不知始于何时，也不知因何而变。虽然画家的表现决然不会毫无根据随心所欲，仍不免让人疑惑。因为现今我们看到的寺院与道观的外墙是黄色的，只有宫墙和主神封王侯的庙宇外墙是红色的。这种寺院外墙用色变化的内在原因，尚待查考。

佚名《江浦秋亭图》

佚名《江浦秋亭图》中这组挤缩在江崖上的建筑中，右侧山门后有一单檐歇山顶。宋制规定一般臣民之家是不许使用这种屋顶的，只有寺院例外。因此，这组建筑应该是一处寺院，否则也不可能有如此规整精巧的布局。兴许在今天的浙东南山区，还能见到相似的风景。

夏圭《溪山清远图》（局部）

夏圭《溪山清远图》中，画家以潇洒之笔画出密林中的一座大寺院，似闻寺钟溪声迎面而来。尽管可见的只有半座山门、两道长廊之一段、一座钟楼、两个屋顶、半座后殿，却足以引起人们的联想，自动去补充为树林遮去的部分。这座寺院由驳石屋基层层抬高，寺内建筑屋檐下是红色木外壁。重檐歇山顶钟楼外侧为木板壶门，古拙朴野，令人神往。

佚名《松风楼观图》

佚名《松风楼观图》着重表现了一座南方寺院中的重楼形象。重檐歇山顶。正脊两端有高大的鸱尾，表明此楼有很高的等级，颇有“敕建”的气派。楼屋三开间，外立面均为红色木壶门，下为木板栏杆。楼屋之下为斗拱及一层屋顶。它的前方有两三组建筑，皆为悬山顶，等级较低，只是重楼的陪衬。

夏圭《山阴萧寺图》

夏圭《山阴萧寺图》画佛寺后院一屋。屋檐下的格眼窗，上部固定为横披，下部固定成木栏板，只有中间的格眼窗可装卸。这种变化减轻了装卸时的劳动强度，而采光通风、防寒保暖的功能不变。图中左上角有高耸的钟（鼓）楼，表明那里才是寺院的主殿区。此图只用墨色渲染，未着色。整体风格接近马、夏一派，因而可以认定系南宋晚期的作品。它所反映的格眼窗的变化，自然也是那时的情况了。

佚名《僧院访友图》

两宋绘画中的寺院建筑几乎全部采用直棂窗。当尘世间人们纷纷换上格眼窗，改善居住条件，提升生活品质之时，寺院依然保持着古老的生活方式，此佚名《僧院访友图》却提供了一个异数。“萧寺”即一座冷落荒寂的寺院已悄然换装，连廊屋、路亭都装了格眼窗，这就如现代寺院纷纷装上空调一样。但这座悬山顶的佛殿不是寺中的主殿，主殿须用歇山顶，它只能是偏殿或后殿。这说明南宋画家对新事物、新变化的敏感与热情，没有什么能逃出他们的视线。因此凡是已经在画中出现的，就必然是生活中实际存在的，反之亦然。

道观

梁楷《黄庭经神像图》（局部）

在宋画中可以轻易地找到佛寺，却难见道观的形象，只有南宋梁楷的《黄庭经神像图》留下了皇家道观建筑的几个镜头。

这座正面向人的神殿，单檐歇山顶三开间，鸱吻极高，气势威赫。屋脊黑底中有圆形连续图案。左右两间为斜方格落地槅扇窗，与沿用至今的槅扇窗的做法已无大的区别。殿前环绕着栏杆，在门前豁口设台阶。此殿的层高似已超出常规，其后一殿似更高峻。梁楷活动在南宋中后期，说明这种使用方便的长槅扇窗已在道观出现，开启着后代新的风尚。

《西湖清趣图》中的四圣延祥观

南宋临安城内外有十大“御前宫观”，孤山南麓的四圣延祥观建于绍兴二十三年（1143），一百多年后又在其西建西太乙宫。《西湖清趣图》所绘四圣延祥观中，两座三门并立的大红乌头门，当为这两大宫观的正门。门内装有红门窗的应是宫内主殿。孤山不高，观内建筑重重叠叠。宋亡入元，四圣延祥观、西太乙宫次第湮没，今已无迹可寻。以地推测，今杭州中山公园、西泠印社处可能即两观故址。

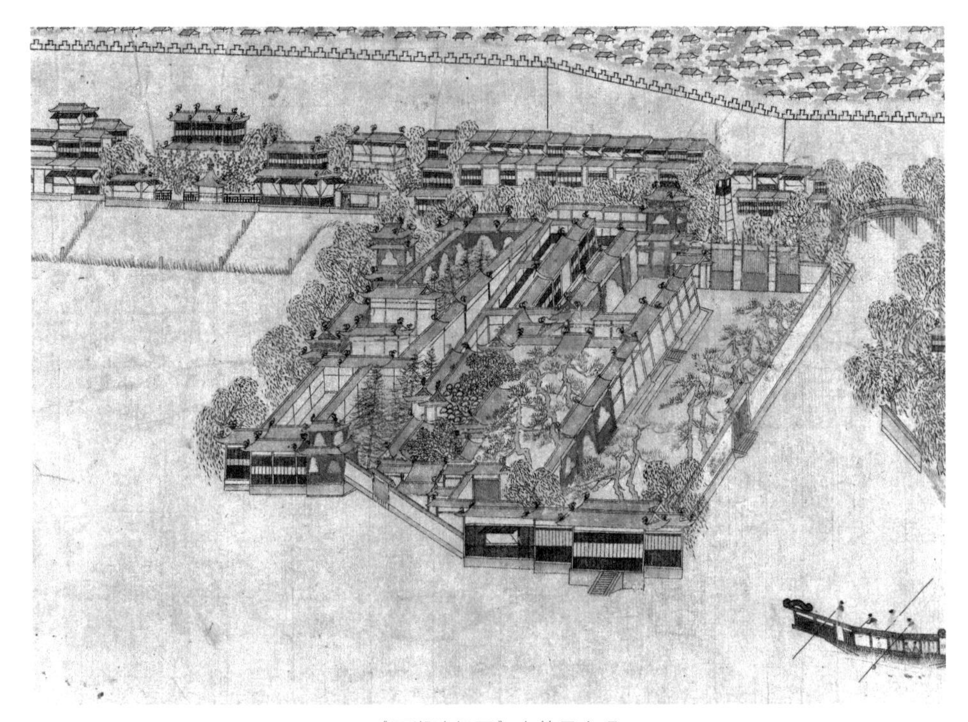

《西湖清趣图》中的显应观

显应观在今西湖南岸今钱王祠与柳浪公园之间，当时是南宋朝廷最尊崇的一座宫观，因为神主崔府君就是“泥马渡康王”的泥马之主。此《西湖清趣图》中前为西湖，后为城墙（约今南山路），右即南向，按此方向可知三扇大红门朝东，门外即大路，入门广廷，类今停车场兼布置仪仗乐队处，凡红墙、红窗处即神殿。但朝北一区为钱王祠，祠与观之间有小弄分隔，东口设门。故观仅二区，第二区朝西为园林，东北角有廊。据记载，由画院待诏萧照、苏汉臣合作描绘的宋高宗立国过程的壁画就在长廊中，惜宋亡后不存。

塔

塔原是佛寺的附属建筑，后来逐渐演化为佛寺园林中的景观设施或登高观景的多层建筑物。元以前，塔只有密檐式（一般不能登眺）和楼阁式（可登眺）两种。宋画所绘多为后者。

李嵩《西湖全图》中的雷峰塔

李嵩为南宋中期画院待诏，其《西湖全图》绘有雷峰塔。图中夕照景致，山峰、树木、房屋虽逸笔草草，不拘其形，山上雷峰塔却画得准确可辨：八面五层，塔身勾栏、斗拱依稀可见，窗户洞达，八角攒尖塔顶，塔刹插天，为南宋西湖一日游的主要景点。

李嵩《西湖全图》绘有西湖北山保俶塔。塔已近全画右框边沿，仅留一大致：七层六面，难以深入描绘。可能由于此塔不在当时“西湖一日游”游程之内，宋人诗文中提及的也比雷峰塔少，能留此“剪影”式外形已属万幸。但南宋洪迈《夷坚志》中一故事表明，人是可以进入塔内沿阶逐层上去的。今塔系民国初年杭州建筑师吴寅先生重新设计建造，已无入内登眺功能。

李嵩《西湖全图》中的保俶塔

夏圭《钱塘秋潮图》

夏圭《钱塘秋潮图》画钱江潮涌，万木摇撼，唯塔屹立如故。但塔身修长瘦削，与六和塔大不同。虽然今六和塔是清代重建的，难道当时的塔与今塔有这么大差异？暂存疑。

南宋时杭州外西湖上并无三座小岛，李嵩的《西湖全图》便是明证。直到宋理宗后期，京城文人雅士发起了西湖十景命名热，“三潭印月”才出现在人们的视野之中。但这一景点仅为湖中三座小石塔，并无小瀛洲这座小岛，叶肖岩《西湖十景图》中的三潭印月一图就是证明。

叶肖岩《西湖十景图》中的三潭印月

这三座小石塔，原是北宋杭州太守苏东坡疏浚西湖时建造的，两塔在苏堤之西，一塔在苏堤之东。西湖浚后，苏东坡立塔以为标志，禁止在三塔范围之内种植菱茭，以防淤泥堆积侵蚀湖面。但三塔不久即倾圮，了无踪影。而在西湖十景的命名过程中原有“石屋烟霞”一景，估计备选的可能还有，最后确定十景的一个“硬杠子”是必须沿湖而设，于是才想到了这消失已久的三座小石塔，将它们重建并集中在堤东湖面，使成一景。有趣的是，叶肖岩所画塔的造型与今塔并不一致，它的外形更像是观音手中的一个净瓶，与当时“家家观世音”的世俗风尚是极相吻合的。

左：上图中之小石塔
右：今湖上之小石塔

八、桥

橋

宋代，全国经济中心南移，南北交通运输空前频繁，推动了造桥技术的进步。北宋建造了许多长桥，建造材料有木有石，长度皆超过百丈（300米以上）。木桥如苏州南面的吴江利往桥，“东西千余丈，用木万计”，横截松陵湖面，上建垂虹亭，苏子美诗云：“长桥跨空古未有，大亭压浪势亦豪。”石桥如泉州之洛阳桥，全长1200米。这充分反映了宋代工程技术上的新成就。南宋宝祐四年（1256），在绍兴建成了第一座高架石桥，名八字桥，同时在浙东南闽东北山区中建造了大批有梁或无梁的廊桥……宋人在桥梁建造史上的赫赫成就，在宋画中也有可观的表现。

长桥

王希孟《千里江山图》（局部）

王希孟《千里江山图》中，所绘之桥全用木柱撑起，自两端向中间逐渐增高，使桥面形成一个平缓上升的斜坡，于中建十字形平台，上建十字形重檐敞堂，设梯至平台下，复架一层设有栏杆的悬空平台。除去两端引桥处，全桥共有31孔，如以每孔宽3米计，桥长即有93米，加上引桥约10米，总长约113米，也足以担当诗人的由衷赞美了。此桥是宋画中造型雄丽的长桥之一，它以美丽的身姿成为全卷无可争议的中心，表明了画家对它的热爱与推崇，也激起了后人对长桥无限的追思与向往。

虹桥

张择端《清明上河图》（局部）

虹桥也称“飞桥”“飞梁”“虹梁”，是盛行于北宋的无柱木拱桥，因外形如长虹飞架，故名。虹桥为明道年间（1032—1033）青州（今山东益都）一名“牢城废卒”首创，称青州虹桥。庆历年间（1041—1048）宿州（今安徽宿县）州官陈希亮命工匠仿青州虹桥建于汴京汴河上，称“汴京虹桥”。张择端《清明上河图》中所绘之虹桥，即此类桥的代表作。该桥主拱骨由短小纵梁和横木构成，跨径巨大而无一柱，桥下船只穿梭，无一障碍；桥上人流如潮，各行其道。看如惊心，实为坦途，全因设计之严紧，构造之精巧。整座桥梁轻盈飘逸如虹垂地，朱红漆的桥身，既增美观，更醒远目，又可防腐，体现了我国古代桥梁建造技术的高超水平。其实用与美学相结合的设计理念，尤其令人称绝。

董源《夏山图》(局部)

佚名《长桥卧波图》(局部)

董源《夏山图》与佚名《长桥卧波图》所绘为北宋前至南宋末期的两座有桥亭的长桥，画的可能就是建于庆历八年(1048)的吴江的利往桥。此桥成，舟楫免于风波之险，徒担者晨往暮归，皆为坦道。长桥因“湖光海汇，荡漾一色”，被誉为“三吴之绝景”。

马麟《荷香清夏图》（局部）

马麟《荷香清夏图》所绘为南宋末期杭州西湖边的一座长桥。这座桥形制规整，石柱石面，上架黑色木栏杆，栏杆长而平直，表明用料考究、加工精细，非一般桥栏可比，确有京城气象。

立柱板桥

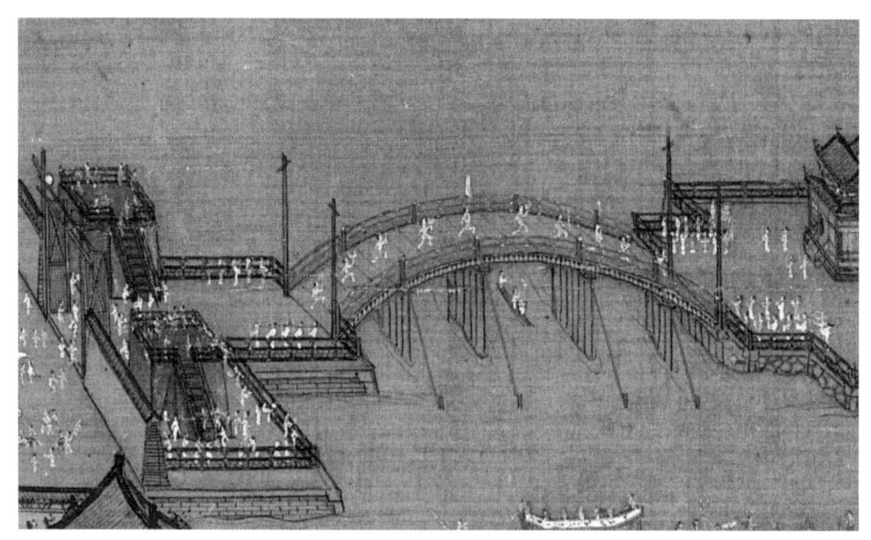

张择端《金明池争标图》（局部）

《金明池争标图》绘有御苑中的立柱微拱桥，分外规整。木板桥面，红漆桥栏，石质桥柱六根一排，共六排五孔，桥两端华表高耸。

踏道桥

张择端《清明上河图》（局部）

张择端《清明上河图》中所绘这种桥面与路面平齐等宽、以利车马通行的桥，称为踏道桥，常设在城门内外车马必经之处。此桥桥面宽且平整，栏杆做得特别坚固，每一柱外加一斜撑，以保证能承受多人的凭靠。桥下排柱加设两个方向的横梁，以加强桥柱的受力。据记载，南宋临安城内就有三座踏道桥，即御街北段的众安桥、观桥和丰乐桥。前两座桥是皇帝祭祀时车驾往返的必经之处，据发掘出土的御街宽约15米稍多，则此两桥也当有此宽度；丰乐桥则正好位于钱塘、仁和两县分界线上，桥下即今中河，较前两桥下之河要宽大许多，为城中水上主通道，所以丰乐桥的桥面比前两桥一定更加宽广。

乡间板桥

两宋的乡间以板桥为主要形制，主要有简而又简的无栏立柱板桥和装有护栏的板桥两种。

宋画中的立柱板桥，几乎俯拾皆是，其形制之简已无可再简。不论桥面离水面多高，极少设置栏杆，令人望而生畏。桥的立柱都用原木，不稍加工，顶多在顶部加穿一根横木用以加固。如此就地取材、省工省料的构造，固然体现了宋人的智慧和技巧，也表明了地方财力的贫乏，以至没有能力建造更加安全、坚固、耐久的桥梁。在乡间除了这种立柱板桥，极难找到别的样式，足证它是两宋时期最普遍的桥式。（见下图）

佚名《秋山红树图》（局部）

夏圭《溪山清远图》（局部）

佚名《渔村归钓图》

马远《柳岸远山图》

朱锐《雪溪行旅图》

佚名《溪山水阁图》

王希孟《千里江山图》（局部）

夏圭《溪山清远图》

佚名《花坞醉归图》

王希孟《千里江山图》（局部）

董源《洞天山堂图》（局部）

刘松年《四景山水图·冬景》（局部）

赵葵《杜甫诗意图》（局部）

佚名《柳阁风帆图》（局部）

董源《洞天山堂图》、刘松年《四景山水图·冬景》、赵葵《杜甫诗意图》、佚名《柳阁风帆图》中绘有两侧装有护栏的板桥。四座桥的共同点是：

（一）木板桥面微拱。

（二）桥柱都用原木，视桥面宽度，有三根一组至六根一组不等，柱上部加穿一根横木，用以加固。

（三）桥面两侧设木栏杆，栏杆望柱有出头与不出头两种，望柱间的距离视情而定，宽窄不等。

这种两侧装有护栏的板桥在宋画中属于比上不足比下有余的中间一档，比前述无栏板桥显得安全美观。如红漆栏杆，那就更富诗意，宋诗词中就有“红栏小桥”“赤栏桥畔”之语，作为构成美的意境的一个元素，给人留下了深刻的印象。

宋画中也有乡村板桥的样式颇为特别，值得一谈。

佚名《秋林飞瀑图》中的桥柱不是常见的垂直插入水中，而表现为斜撑式。两组斜撑的落脚点正好分跨在急流两侧的岩石上，再在木撑的上部各加一根横木，好像从撑后伸出的手臂有力地将撑拉住，从而将桥面上的受力通过斜撑分摊消化。

佚名《秋林飞瀑图》（局部）

刘松年《秋山行旅图》中单孔桥两端的两排木柱紧贴着垒石桥墩，墩柱浑然一体，大大加强了桥面的承受力，桥栏也空前整齐考究。刘松年活动在南宋中期，这座桥似乎反映了其时国力的改善，传今之武义县城内的塾溪廊桥就建于庆元元年（1195）。如在墩外加砌砖石，那就成了直角三角形石桥墩。两个桥墩上架设石板，就成了南宋典型的单孔石桥。

刘松年《秋山行旅图》（局部）

赵伯驹《江山秋色图》为山间折边桥，结构与《清明上河图》所绘虹桥相似，只是比它规格小，跨度短，桥背至水面垂直高度低于仅适合于山间小溪流上架设。

赵伯驹《江山秋色图》（局部）

王希孟《千里江山图》的桥柱不是直接插入水中，而是插在事先建成的四围砌砖的台基上，显与水下的地质情况有关。

王希孟《千里江山图》（局部）

石桥

刘松年《四景山水图·秋》（局部）

玉壶园的小廊桥，廊腰下装黑漆木板以蔽风雨，两端皆有小屋为门

南山长桥，全部白石构桥，两方形桥洞并列

宋画中的石桥为数甚少，只在私宅、寺院等处的门前或园中小溪浅流上，架有全部用石材打制的石桥。由于跨度小，离水面近，有的桥面就用整块石料做成，有的虽用几块拼接，但无台阶，桥柱、桥栏也用石材，在画中表现出平整挺硬的美感。与乡间简陋的板桥相比，这种石桥就显得有些奢华了。在此时代大背景下，临安西湖景区中的石桥自然就愈见非同寻常了。近年引人注目的佚名《西湖清趣图》技法虽欠佳，却真实再现了宋末元初杭州西湖的面貌，其中沿湖桥梁尤其出人意外，其造型多样，结构坚固，白墩红栏，与湖山融为一体，令人惊艳。颇不可解的是，全图无一座环洞桥，再是所有桥栏终结处的望柱前皆无抱鼓石，表明此二式的流行应是宋以后的事了。

画中所绘断桥，红栏红柱，白墩，桥下两端各一对红杆风向标，与《清明上河图》虹桥下的风向标同。

拱券环洞桥

从宋画中的桥可以发现，宋桥大多为木桥，部分木石结合，全石桥较少，拱券造石桥更少，有则跨径小，桥背至水面不高，石栏两端无抱鼓石。估计在南宋末年，随着火炮在战争中的使用已成常态，抬梁造城门防御性差的缺陷暴露无遗，迫使人们将旧城门迅速改为防御性强的拱券造城门，由此带动了桥的革新潮，即拱券造环洞桥的纷纷涌现，但桥栏末端是否同步加装了抱鼓石则尚无确切的证据。只能肯定，宋石桥无抱鼓石，有抱鼓石者必非宋桥。

夏圭《溪山清远图》中寺前的环洞小石桥

遗存在宁波乡间的南宋环洞小石桥

托名赵伯驹《春山图》(局部)中的三孔环洞大石桥

根据对宋画中桥的造型和材质的辨识，可以确认宋代是没有拱券造多孔环洞大石桥或跨径大的单孔环洞石桥的，更无石桥拦末端的抱鼓石。反之，凡画有多孔或单孔环洞大石桥或石桥栏末装有抱鼓石者，必定不是宋人之作，而是元代或明代画师所为。

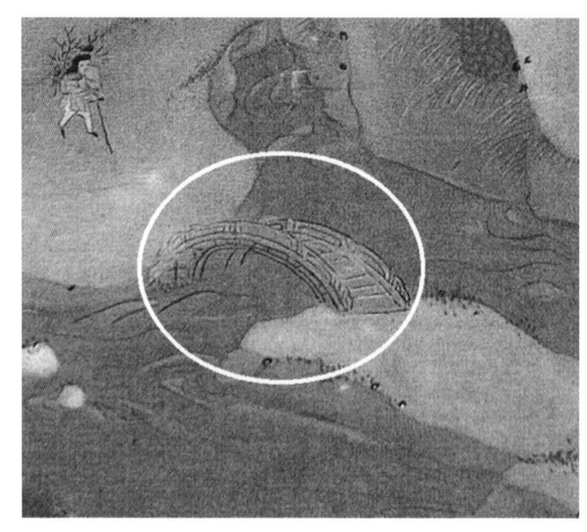
佚名《雪山行骑图》（局部）

这幅佚名《雪山行骑图》常见于宋人画册，由于风格较为独特，颇为今人所重。但细看即可发现，画中单孔环洞桥栏之结束处装有抱鼓石，而宋画中的桥栏皆无这一装置。现在存世的宋桥，只要不是后人重修，一样没有抱鼓石。由此可知，此图恐非宋人所绘。

托名赵伯驹《春山图》与佚名《雪山行骑图》中，皆可见桥栏抱鼓石。如下图所示装有抱鼓石桥栏的古桥，江浙乡间至今保存颇多，多建于明清，个别始建于元代。

九、建筑小品

建築小品

建筑小品，一般是指园林建筑中小型、单件或者一款多用的石制件，表面雕刻或繁或简，或利用原有石纹重新组装成器物，尽自然之美。从宋画中检索可得以下作品：石树穴（又石树池，多六边形和园形），假山石座子（多方形或长方形），盆花石座子（仿生形如仰莲），石桌、石凳，石香炉、石烛台，石经幢，陵墓前的象生石，等等。其中有的具有单独的审美价值，如石经幢等。但绘画尺寸有限，又受题材限制，以上小品只属点缀之物，再为图片清晰度所困，难作详尽介绍。本章仅点到为止，借以引起有心人的注意，冀在以后的读画中有新的发现。

树穴

树穴，又叫树池，是园林中用石或砖做成的保护树根的装置。有圆形和多边形，或在其上加设红色细木条栅栏，高及半人。北宋画中已有树穴的形象，南宋画中更多，遍及公私建筑，表明宋人对绿化的高度重视。

马和之《孝经图》中的装有圆形红栅栏的石树穴

马和之《孝经图》中的六边形石（或砖）树穴

元·王振鹏《金明池争标图》中的圆形砖树穴

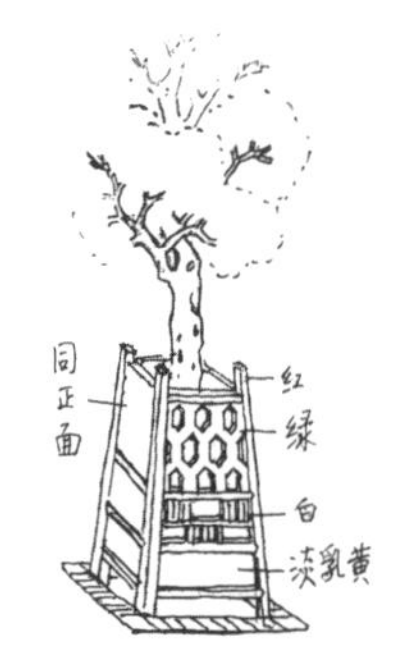

山西高平开元寺北宋壁画中保护树木的树穴和彩木护拦

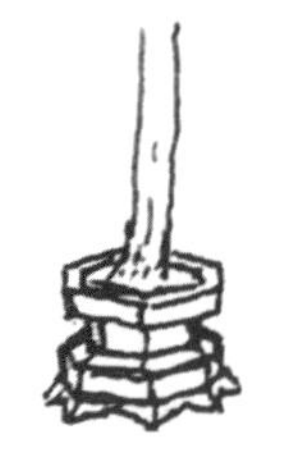

佚名《宫苑图》中八边形石（或砖）树穴

《桐荫玩月图》中的砖树穴

元·王振鹏《金明池争标图》中的六边形砖树穴

石座子

石座子，即园林中承载并托高太湖石和观赏植物的石制平台，造型大多为正方形、长方形或圆形，有大有小，高低繁简不一，或一层或多层如须弥座状，或素面或雕花，视材质有别，最高级的为白玉满地雕（各层各面皆施雕镂）。

佚名《却坐图》中大假山的雕花白玉石座子，系宋画中体量最大、雕琢最精美的一例。

佚名《却坐图》（局部）

佚名《宫苑图》中的素面大石座子

石花托

石花托，为园林中放置并托高小型物件，如香炉、名贵盆花、小型奇石的石制台基，以便观赏。形制简繁各异，表面雕刻精美。

王振鹏《唐僧取经图》中的雕花三层石花钵和雕花石台基

佚名《高士图》中放在家里的花托子，全用自然片石叠成，或原本如此形状

元・刘贯道《故事图册》绘有各式石座子，造型、形态各异。可参见下列各图。

花盆式雕花石座子

圆形雕花石座子

方形须弥座式石座子

方形假山石座子

现今分布在各地古代建筑、园林场馆甚至机关、公司大门口的石狮子，在宋画中却从无踪影，这只能说明那时尚无这一风尚。

石器物

石器物包括如石桌、石凳、石碑、石经幢、石炉、石烛台等。石桌器形较大，至少与日用方桌等大，以便放置随行器物。形制大多厚而边沿严正，或以原始石材稍加处理，保留其自然状态，更具朴拙的野趣。圆石凳运用尤广。

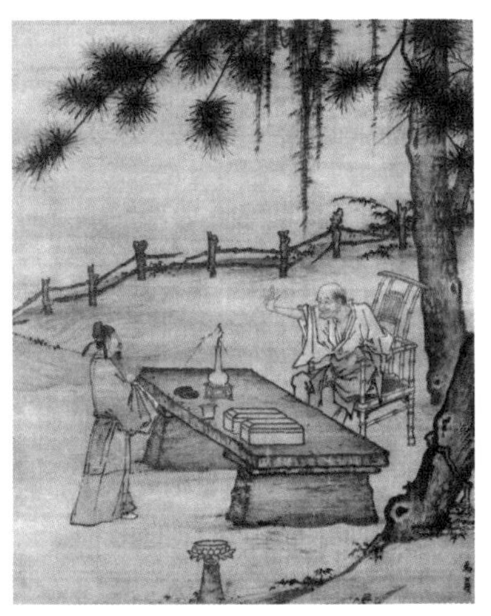

马公显《药山李翱问答图》（局部）中的石桌，桌前有石莲形花托。

佚名《松下闲吟图》中的矮石桌。南宋画中多处出现类似石桌石凳，表明当时运用之广。

马麟《松阁游艇图》豪园中的素面大石桌

佚名《学士图》中立屏后的大石桌（上置棋盘）

《会昌九老图》中的圆石凳

李嵩《骷髅幻戏图》

李嵩《骷髅幻戏图》中左侧有砖砌的土墩，上插木板写“五里”二字，称为“道堠”，即路标。古代以五里为一堠，十里为双堠，类似今公路右侧路边刻有里数的矮小的石碑。

刘松年《文会图》中整块巨岩凿成的石矮桌

佚名《西湖清趣图》中的这座六面石经幢，约三人高，立于昭庆寺大红门外左侧。

碑框凸，漆红，字凹，填黑。碑上加无瓦人字屋顶。

李成《读碑窠石图》中立于旷野上的巨型石碑。古碑本是古代文化的重要载体之一，可惜宋画中似乎仅此一幅存其身影。

十、装修与陈设

装修与陈设

虽然北宋官方颁定的《营造法式》巨著中，记载的用于建筑物内外各部件装修的彩印图样极为丰富，可谓精美绝伦，但一方面，这些装饰在宋画有限的空间中无法如实再现；另一方面，宋人极少画到室内场景，要在存量千计的宋画中找到有室内陈设的作品，颇如大海捞针，有限的几幅，主要由于画中门窗大开才得以窥见内部主要陈设，但仍无完整信息，难以尽详。

南宋临安慈福宫（即德寿宫）施工细则

●内殿门三间，朱红大门两扇，朱红木柱，方砖地面，门外打花铺砌。

●正殿五间，朵殿两间，各深五丈（约16米）。内心间（明间）阔二丈（约7米），次间各阔一丈八尺（约6米），柱高五丈。朱红顶板（天花板），朱红木柱。窗槅（落地长窗）板壁，周围明窗等，青石压栏，石碇踏道（台阶），打花铺砌龙墀，殿上设龙屏风。

●殿后通过（穿堂）三间，绿柱。

●寝殿五间，挟屋两间，瓦凉棚五间，绿漆窗板壁，退光黑柱，方砖地面。

●其后楼五间，上下两层皆青（蓝）绿装造，黑漆窗槅板壁，绿柱。

●正殿前后廊屋共九十四间，各深二丈七尺，阔一丈二尺，柱高一丈五尺，真色金绿解绿装造，方砖地面。

（引自晚清丁丙《武林坊巷志》有关德寿宫的记载）

装饰彩画纹样

北宋崇宁二年（1103）刊发的李诫《营造法式》，是官方颁布的一部建筑设计与施工的最具规范性、最完整的技术专著，是我国古代建筑设计与施工经验的集大成，对后世有着巨大而深远的影响。其中“彩画作”记录了用于各部件的彩印彩图，让我们见识了一千多年前宋代建筑绚丽典雅的外形和气质。本章择取少量纹样展示于此，以弥补宋画中无法表现的宋代建筑装修美的遗憾，以期读者可获得眼见为实的感悟。

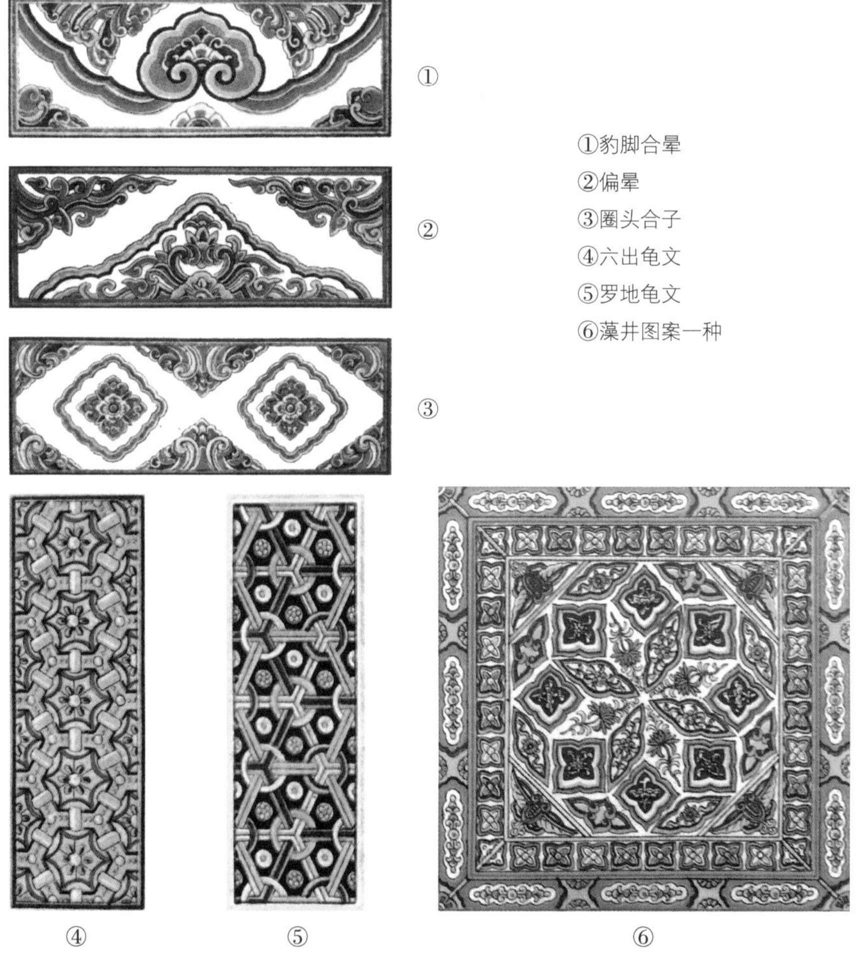

①豹脚合晕
②偏晕
③圈头合子
④六出龟文
⑤罗地龟文
⑥藻井图案一种

①

②

③

①梭身合晕
②连珠合晕
③方胜合罗

④

⑤

⑥

④单卷如意头
⑤云头
⑥箭环

室内陈设

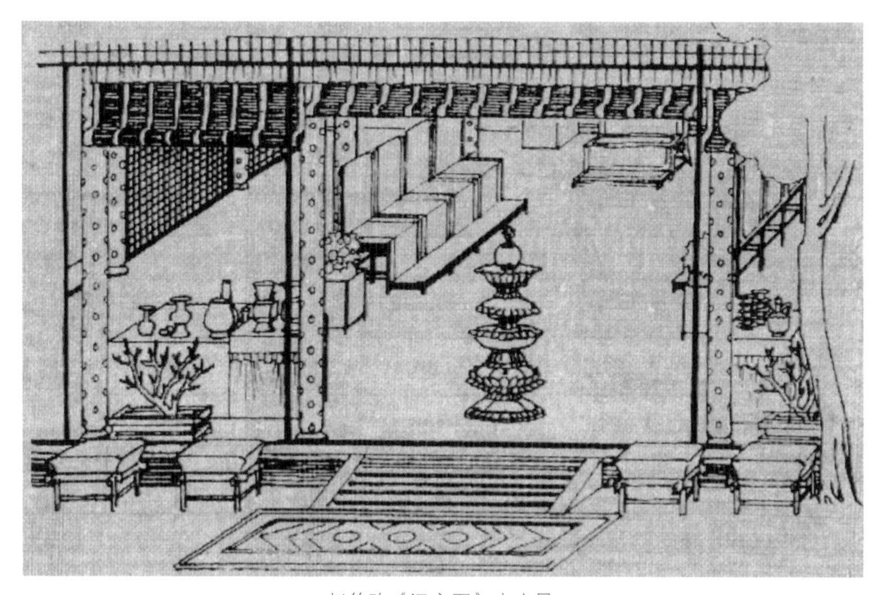
赵伯驹《汉宫图》中内景

赵伯驹《汉宫图》中可见室内陈设及家具之一斑。当门正中为金色塔式香炉，屋内左右两排红衣靠椅，正中一大椅，也披红椅衣。圆柱红漆，上有金黄色圆点，或为装饰图案。这种柱的装饰法，不见于记载，唯画能确言。赵伯驹兄弟南渡后得到宋高宗格外优待，特许二人可随时入宫阅读御府藏书，故所画必有所据。大门红柱两旁稍后各设二桌，摆设名瓷奇器。桌前长方矮盛器内为红色珊瑚枝，这是臣民之家不可能有的海外珍异之物。台阶下铺有织化地毯一方，旁列四斛状物，各坐于方形架框内，使稍离地面，可见也颇贵重，然其用途不明。

宋人的桌衣、椅衣与凳衣，笔者经多年思考才理解其真义：其并不是我们理解的往桌椅上盖上一块布，四角拉挺即可，而是量体裁衣做成桌套、椅套，如今沙发套一般，然后用帛条在桌椅转角处打结固定，故外观整齐坚挺。

南宋绍兴年间画院首席待诏马和之《女孝经图》册中的两个局部，皆画有皇帝殿内之景，坐具后红框架立屏，墙面（或板壁）皆红色，其前栏杆也作红色。由此可见，凡柱栏、门窗、红漆家具器物者，就是皇家建筑。皇家建筑中的这些部件也有黑漆的，但臣民之家绝不可用红色，否则就是违制违法了。宋元民间画工正是抓住了这个基本原则，才创造了不少仿宋宫苑图。

马和之《女孝经图》（局部一）

马和之《女孝经图》两图中殿内站者为内侍，殿下执挝站者为侍卫，皆彬彬然如文人。据记载，宋代殿上下皆无戴盔披甲、执枪佩刀的军卒。

马和之《女孝经图》（局部二）

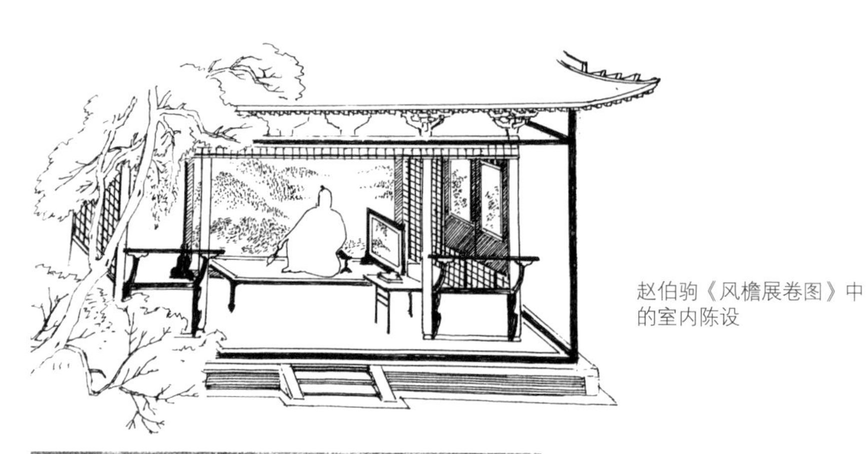

赵伯驹《风檐展卷图》中的室内陈设

马麟《松阁游艇图》中的屋内一角

赵伯驹《风檐展卷图》、马麟《松阁游艇图》难得地展现了室内陈设。其共同处是对门设一榻，榻后屏风宽与榻等或过之。下图桌凳较多，似较上图更显富有。但更需注意的是，上图室内的布置更雅。榻后屏上整面画山水，气势宏大；榻上右端竖一枕屏，又画小山水；右侧格眼窗上悬挂两幅立轴，笔墨依稀，也可能是偏于一边的山水。左侧格眼窗因透视关系看不到室内一侧，按左右对置的常理，也应挂着相同形式的两轴山水画，由此可知满室皆为山水画，可能左右四轴即是春、夏、秋、冬四景图。宋人诗词中反复出现的“画堂”“画阁”“画楼”“画轩”，显然不是把堂阁楼轩外立面画满彩色斑斓的纹样，而是指室内布置以画为主，从而营造一方称意的私人空间。

佚名《高士图》

苏汉臣《妆靓仕女图》

佚名《高士图》、苏汉臣《妆靓仕女图》均可理解为画的是室内之景，就如传统舞台上表演室内人物活动，不会搭出四围墙面门窗一样。《高士图》表现的是“高士”的室内陈设：榻、屏、鹤膝桌（三张）、方桌、藤圆凳、可抬走的灶具（两个）、盆花及石花托。值得注意的是，屏上挂着主人的肖像画。宋人诗文多处记载着请人画肖像的事，就像六七十年代请人拍照印洗放大后挂在自己书房里一样。这种宋以前不可能产生的新事，生动地反映着时代的进步。《妆靓仕女图》表现的是小姐在家中从容化妆，丫环在旁小心伺候的场景。一应器物，大如屏桌，小如盒瓶，历历可见。室内设栏，将流经的一角池面或小溪拦在室外，在江南大户人家家中不是稀罕之事，故所画切不可误读成在室外化妆。

家具

1. 床·榻

宋代彻底淘汰了席地而坐的古老习惯，改成了垂足而坐，高家具应运而生，建筑层高也随着抬升。高家具就得尽量减重，故宋代已产生了圆木家具，如椅、桌、藤制圆凳久盛不衰，鹤膝桌、壶门大桌、壶门榻都以轻而坚固取胜……除了神殿里的供桌，厚重呆板的家具已不多见。宋代家具可谓开明式家具的先河。

顾宏中《韩熙载夜宴图》中的床

顾闳中《韩熙载夜宴图》中有帐子的床，床三面挡板曾裱着绢画。

①马和之《孝经图》中装山水画矮屏黑漆壶门榻。

②佚名《梧桐清暇图》中的榻，堪称宋画中最华丽的家具，因无色彩，材质未明。

③牟益《捣衣图》中的黑漆编藤榻。

④御榻：宋制规定，御用家具都用红漆，只有木雕龙头涂金。

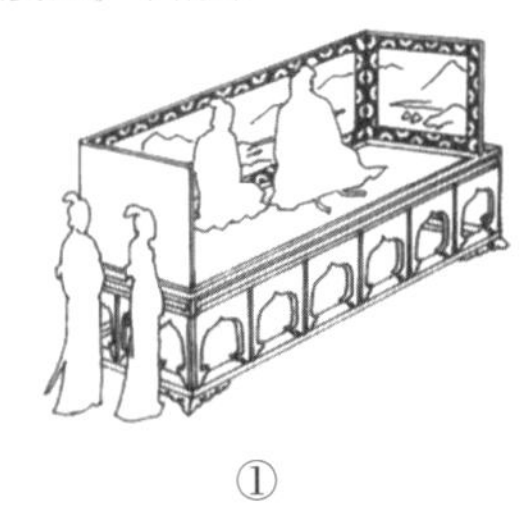
①

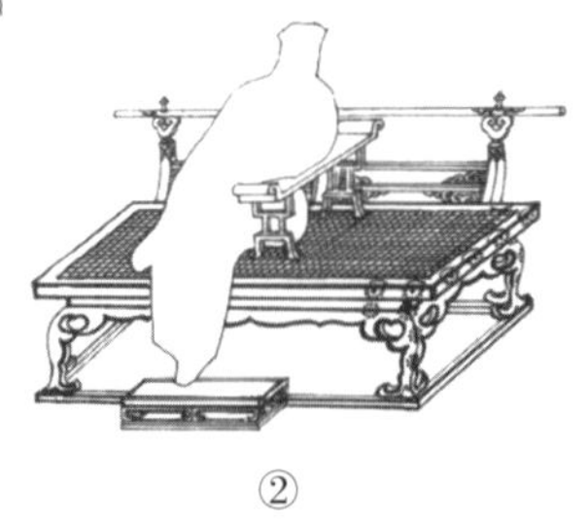
②

③

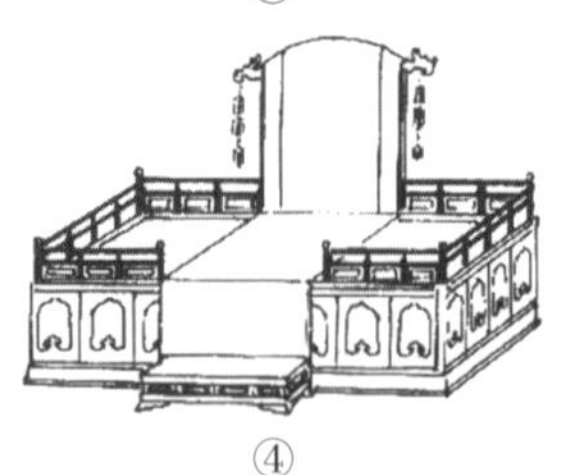
④

南宋皇帝的宝座、龙椅，红漆而无通体雕龙，也无沙发式的黄缎靠垫，不及明清同类器物的奢华富丽，体现了宋代崇尚质朴自然的审美情趣，并在绘画、雕塑、建筑、工艺等各方面都表现着同样的理念与风格。

2. 书画桌·宴会桌

宋画中可见不少大型书画桌，皆墨漆方形或长方形，立面作壶门镂空，如意头落脚，一般长三壶门，宽两壶门，约可围坐十人，是文人雅集的必备家具，反映了宋代家具制造的多样和成熟。

刘松年《撵茶图》中的两壶门扁桌

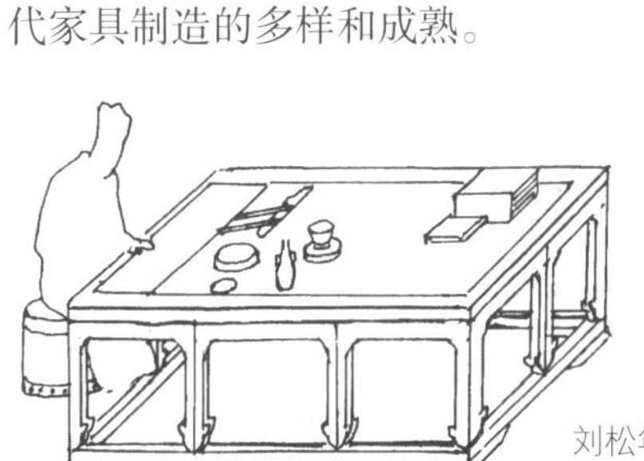

刘松年《文会图》中的黑漆壶门大书画桌

赵佶《文会图》（局部）

赵佶《文会图》所见可谓宋画中最大、最华贵的宴会桌，正面六壶门。按一边坐4人，每人座宽1米计，该案总宽4米，极富皇家气派。

3. 屏风

屏风是宋代官署、店堂楼馆与私宅室内必设的主要家具之一，用于分隔室内空间，凡需分别前后、内外之处皆设屏风。从宋画中看，宋代屏风形制都比较简洁，单扇屏风的屏面与屏座可分可合，屏座预留插口，插入屏面即可，故名插屏。曲屏、连屏皆多扇相联，因有合页，也可组装分解。屏风多为木座木面，木座极少雕琢，木面裱上纸绢字画，吸引不少名家创作屏画，故诗中特多“画屏”，而少有雕屏者，估计是易积灰且欠雅，不为人喜。但另有绣屏、银屏、大理石屏、云母屏等，后三种可能利用天然纹理为饰，唯画中难以表现。小型屏风还分枕屏（置枕旁）、书屏（置书桌上，与案屏同）。为了在室外也能临时划出一方私人空间，创造了“步障”“浮屏”，即可携带随地组装的软质屏风，如下图所示。

①②单屏木脚预留插槽，屏板插入即可。
③步幛的木架子（红杆、红座）

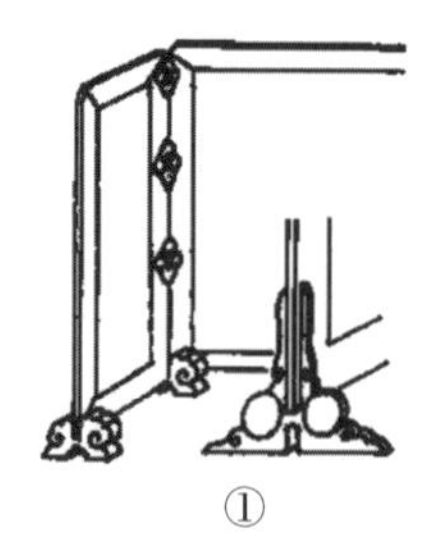
①

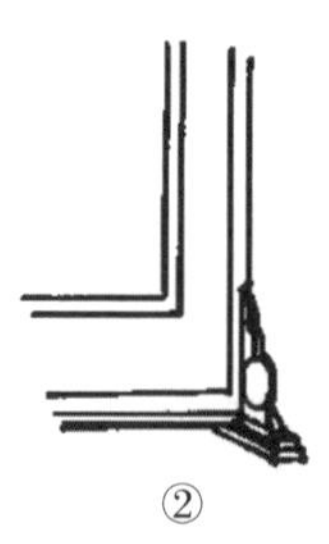
②

③

三折画屏

皇后在室外时，在她身后临时摆放的步幛（见佚名《孝经图》）。

4. 坐椅

披着绣花椅衣的朱红色御座

《清明上河图》中的折叠椅

黑漆圆木扶手椅

御苑中的玉石圈椅与雕龙圆踏足

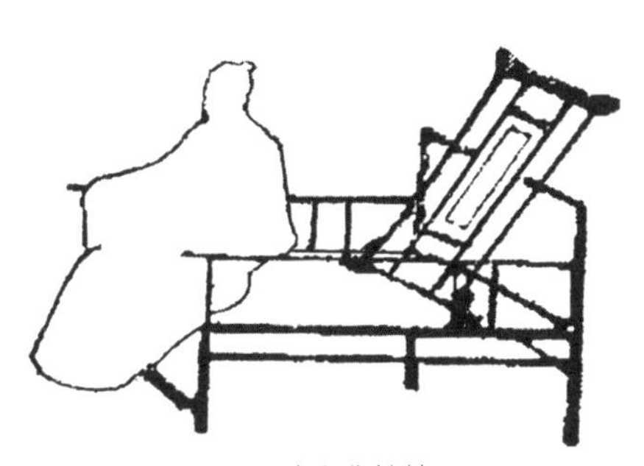

黑漆靠背躺椅

黑漆圆木靠背椅

除了帝后坐椅红漆外，臣民家具皆黑漆，椅多用圆木，取其轻而坚固，也与建筑整体风格相协调。此时尚无清代家具装饰的繁琐习气。

披着大红椅衣的黑漆排椅

5. 各式桌子

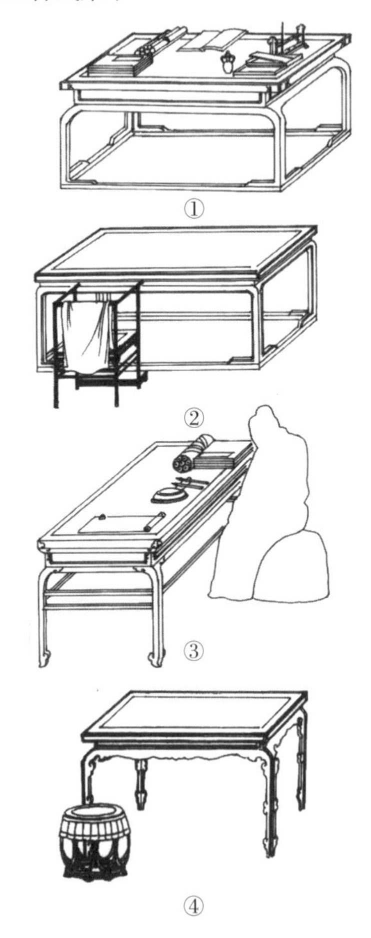

①黑漆书桌，桌面四边及脚表明均有线刻如填金；桌面白，似为大理石（佚名《梧桐清暇图》）。
②红桌、黑漆圆木圈椅。
③黑漆书桌、大理石桌面。黑漆部分似皆有螺钿镶嵌的花纹（刘松年《唐五学士图》）。
④黑漆螺钿镶嵌桌，加帛罩粗藤八圈圆凳。

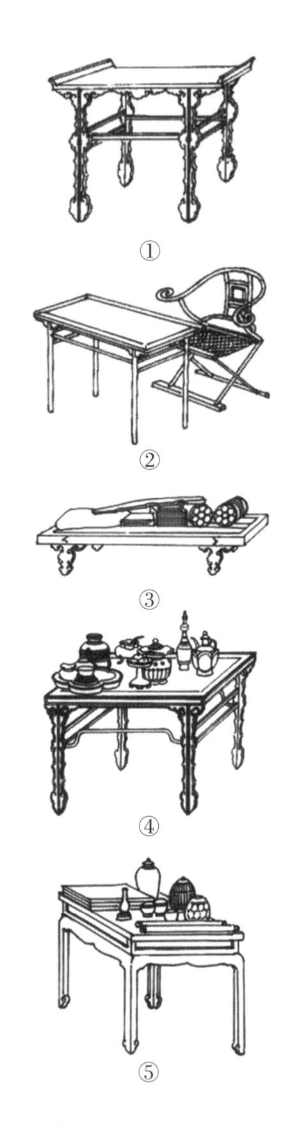

①朱红鹤膝桌
②黑漆条桌、网面交椅
③矮长桌
④大红鹤膝方桌
⑤黑桌

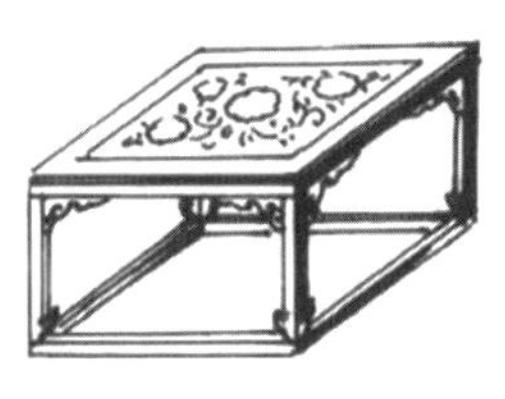

黑漆矮方桌

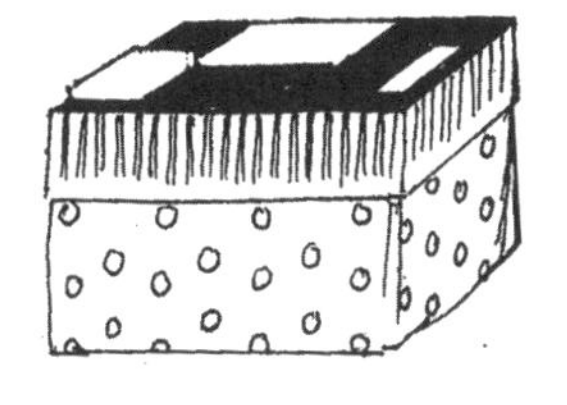

罩着桌衣的长方供桌

黑漆棋桌

《歌乐图》中的桌

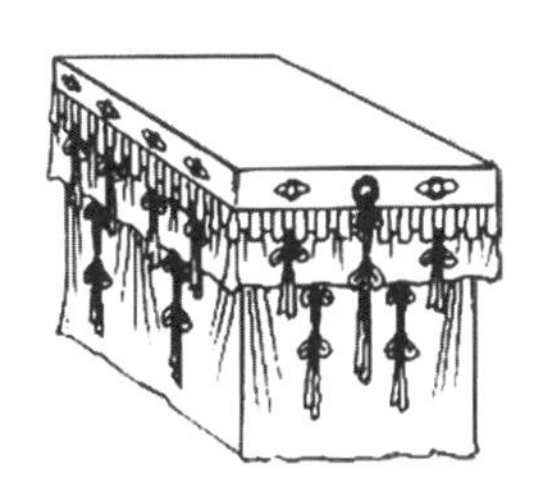

金处士家《十殿阎王像》中阎王审案之桌

宋画中可以找到材质不同、造型有别的许多圆凳。不可思议的是始终找不到一例与之相配的圆桌。

赵佶《文会图》中制作茶汤的小组以及桌、凳、缸等各种器具

6. 方凳

黑漆叉足方凳上系薄垫

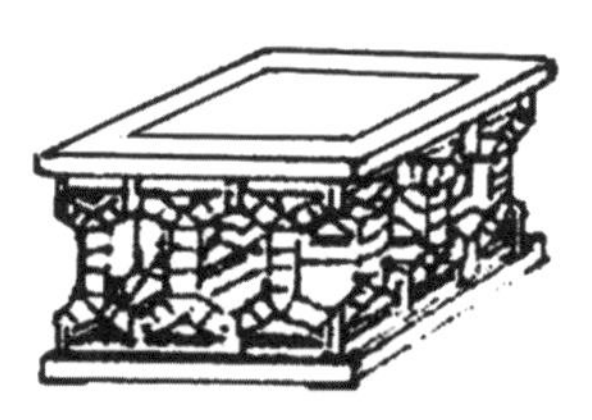

黑漆木面藤方凳

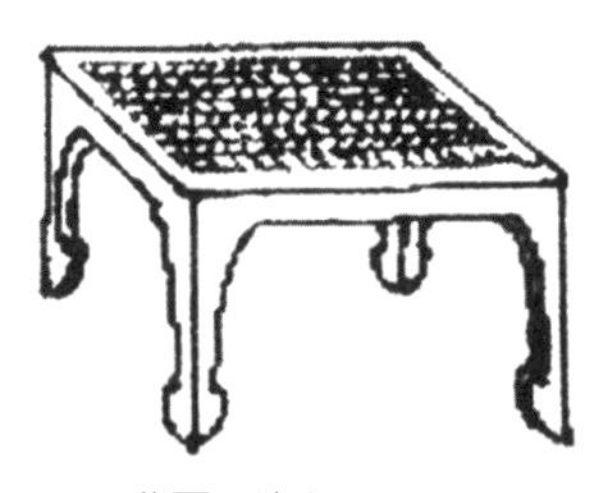

藤面黑漆方凳

7. 圆凳

罩着绣花嵌珠玉结璎珞凳衣的宫中圆凳

8. 橱·几架

①佚名《蚕织图》中的木橱
②刘松年《唐五学士图》中的纱橱

①

②

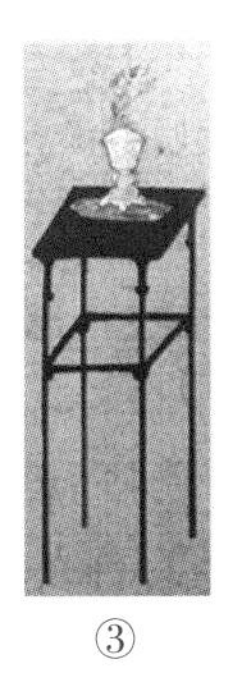

③

④

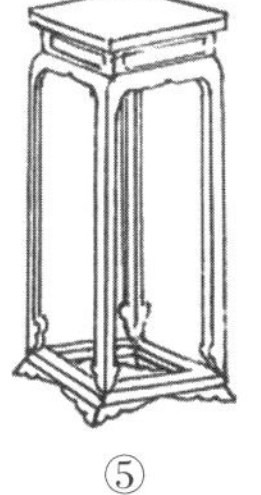

⑤

③香几
④罩着绣花嵌珠玉套的圆供架
⑤黑漆花架

9. 木杈子

佚名《春游晚归图》中，见有木杈子，又名拒马、梐枑，设在路口、重大建筑门前两旁，为可移动警戒设施，类今之路障。

佚名《春游晚归图》中的木杈子

十一、从宋画看宋代建筑细部处理的十个细节

宋代建筑细节

在检索宋画中的建筑细节的过程中，笔者对宋画中表现出来的宋代建筑细节的处理颇有感悟，以为它们有以下十个特别之处：

其一，唐和北宋屋顶檐角平直，稍稍上翘，南宋越往后，檐角翘得越高，渐成“飞檐”。

其二，北宋和南宋、辽和金画中琉璃瓦顶渐有所见，但据杭州考古反映，即便南宋皇城遗址内也未发现有使用琉璃瓦的痕迹。

其三，唐代檐下两个斗拱中间置一个人字拱，宋以后即无人字拱；宋、元的斗拱大而疏，明、清的斗拱小而密，装饰功能大于承重。

其四，宋柱的顶端未见装有“牛腿”，明、清有柱必有“牛腿”。宋柱顶端左右未见“雀替”，北宋偶有所见，仅为半个斗拱；明、清有柱枋就有雀替。

其五，南宋首创了大红宫墙。宋代的窗完成了古代直棂窗向近代槅扇窗的转变，发明了移门和蝴蝶门。

其六，宋建筑物的栏杆望柱柱头只在转折处高出寻杖之上，其余不论栏杆多长，寻杖以上皆无柱头；明、清正相反，逢柱必出头。唐宋垂带栏杆直接落地，没有“抱鼓”装置，明、清垂带栏杆落地处必装“抱鼓”。

其七，唐宋民居围墙多用竹、苇、柴编成，或涂泥刷白，上覆黑瓦，即称“粉墙黛瓦”，至明初犹然。官署贵邸及重大建筑物才用夯土墙，皆下宽上窄，最怕雨水渗塌，所以南宋围墙顶做不出逐层收缩的线条，也做不成封火墙。只有到明代中期砖的生产量剧增，砖墙遍及城乡，墙线才变得丰富多样，才产生了向上递升的封火墙（俗称马头墙）。

其八，宋代宫苑、官署、豪宅的大门设置虽有严格的等级规定，但未见一处门前画有石狮子，宋人笔记、诗文中也未见有此记载，故可以肯定宋代是没有这种设施的。

其九，宋画中不见拱券造大型环洞石桥。但有跨度不大的环洞小石桥。宋木桥多于石桥，石桥栏干无抱鼓石。

其十，南宋绝大部分时期内的城门洞皆为抬梁式，正面呈梯形，半圆形的砖砌拱券式门洞，是南宋末期为应对日益广泛使用的火炮，为加强城防才出现的。

附录一

重睹芳华——南宋西湖真貌探寻记

南宋临安西湖到底是何模样？虽然周密的《武林旧事》、吴自牧的《梦粱录》等书对此都有详细记载，宋代诗词中也有不少直接描绘湖景的作品，但文字再详尽仍无画面直观。南宋绘西湖而幸存至今的作品不多，最有代表性的当推李嵩的《西湖全图》。李嵩是南宋中期的宫廷画家，他的传世作品分为两类：一为人物画，如其名作《货郎图卷》；二是描

李嵩《西湖全图》

绘宫苑建筑美景的界画，量多而皆极精美，堪称宋代界画的顶尖水平。他的作品不论人物、山水，统一的风格是精妍雅丽，线条繁密劲挺，透视准确无误。唯有《西湖全图》画风一反往常，有点逸笔草草之感。有大势大局的恰到好处的把握，却无对原本“一视同仁”的细部、局部的精美刻划，而变成了外形

夏圭《西湖柳艇图》（局部）

的简单勾勒，再复以简单的渲染，使之半隐于迷蒙的岚气湖烟之中。所以有人怀疑此图的作者恐另有其人。这一忽略细部刻划的缺点虽令人遗憾，但此画因其唯一性，仍永立于画史，尤其成为12至13世纪间杭州西湖的不二图像，犹如历史证人，足以证明当时西湖四塔三堤等情形并非虚言。夏圭的《西湖柳艇图》轴，只画了西湖的一处湖湾的民居和泊舟，并未提供更多的历史人文信息。叶肖岩的《西湖十景图》更令人失望，作者似乎过分强调主观意识，所画十景大多没有可辨识性，无法与现实作相应的对照观赏，只有一两幅如“三潭印月”“双峰插云”稍具参考价值。除此两画以外，南宋小品中倒有若干幅画可以认出所绘的是西湖一角或某一建筑，如马远《雪景四段图》中的丰乐楼，与元初夏永《丰乐楼图》中的楼可以互证。此外，可确认为南宋西湖的可视图像尚未发现。

叶肖岩《西湖十景图》之双峰插云

2015年，现藏于美国弗利尔美术馆的佚名《西湖清趣图》引入杭州开展，引发一场波及颇广的

马远《雪景四段图》中的丰乐楼

讨论。讨论的主题是：作者为谁？画的是何时的西湖？当时有媒体记者问我的看法，我说此图的绘画价值不高，文史价值极高极可珍贵！今天我仍可补充一句：这是历史留给我们的南宋后期西湖全盛时的唯一一张留影！

2019年是南宋定都临安880周年。我因创作需要，日前对着这一长卷逐段作分镜头精读并加以纠误重构，终于欣喜地看到了消逝八百多年的南宋西湖的真实面貌，看到了诸多以前只闻其名不知其形的细节渐次显露真容，跃然纸上。诸多以前只有错误印象的东西终于得到修正，笔者不由击节叹道：原来如此！长期疑惑不解的谜团豁然而解，如获意外之宝。在笔者看来，此画使赞扬杭州为13世纪全球最先进华美都市的评价，因此变得有图可证，不再是虚言以饰。如此可喜的发现，实在应该与众分享，下文笔者将一一道来。

一、一色楼台三十里

20世纪80年代，笔者曾看到宋人笔记中的一则记载，说一名江西秀才首次来杭游西湖，为美景所震撼，叹曰：“一色楼台三十里，不知何处觅孤山！”以为这肯定是夸大之词，八百多年前达到“一色楼台三十里”，怎么可能？后来对照李嵩的《西湖全图》，才发现沿湖建筑果然颇具规模，尤其是里西湖沿湖，长桥至苏堤南口沿湖房屋最为密集。与《西湖全图》相较，《西湖清趣图》不仅可见有建筑的地段成倍增加，如西城墙外侧沿湖，从钱

李嵩《西湖全图》中的里西湖沿湖建筑群

《西湖清趣图》中的里西湖沿湖二层楼房建筑群

塘门南至钱湖门间的建筑几乎连成一片，钱塘门至断桥有连片的建筑，从西泠桥西到岳湖沿岸增加的建筑，苏堤及堤西二岛景区的建筑形式，所有民居、店铺、苑囿的临湖建筑几乎都从《西湖全图》所绘的一层平屋改成了二层楼房。

李嵩《西湖全图》长桥左右街面的沿路建筑群

更有参考价值的是，《西湖全图》中失之过于简略的建筑造型，在《西湖清趣图》中变得清晰而具个性特色，甚至店堂内的陈设以及附设的广告语也明了可辨，由此可见当时社会生活之一斑。

由于今天的西湖自1949年以来经过了不间断的拆迁、改造、重建，今人

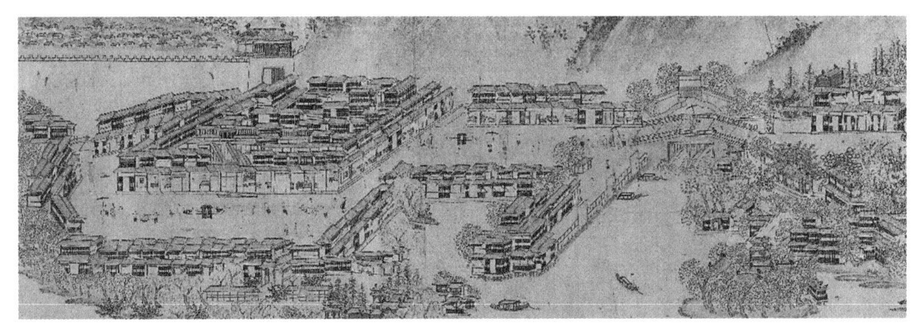

《西湖清趣图》长桥左右街面沿路建筑群

《西湖清趣图》钱塘门至断桥前的建筑群

《西湖清趣图》店堂内的陈设以及附设的广告语

已无法想象以前的西湖究竟是何模样，更不要说“倒放”回七八百年前的南宋西湖了。只有《西湖清趣图》这样产生于那个时代的作品才能提供历史的真实图像，让我们突破层层迷雾，回到原点，重睹芳华。

二、随处可见的高台建筑

20世纪90年代，当我从上海《艺苑掇英》画刊上第一次看到托名赵伯骕的《阿阁图》轴时，既为图中出乎意料的高台建筑惊讶，也不由心存怀疑，怀疑其在现实生活中的真实性和可能性。我以为，只有李嵩《汉宫乞巧图》和马远《台榭侍读图》等画中的高台基才是真实可信的。由于李、马二人所画皆为宫苑之景，无形中使人以为这种耗费人力、财力的高台建筑，只有宫廷才能负担和享用。细看《西湖清趣图》则不由大吃一惊，南北二

赵伯骕《阿阁图》（局部）

山（包括孤山）凡面向西湖的山坡上竟然排列着众多的高台建筑，以至约今望湖楼处整个山坡被包装成了一座巨大的高台基，其外立面镶满了卐字形砖雕（作者没画好）。台上建五开间的德生堂，而这超大体量的建筑并不是什么朝廷或首都的重大建筑，仅是一处公共场所：每年四月初八日在此举办佛祖诞辰纪念礼拜活动。如果临安府没有充裕雄厚的财力基础，没有周边众多高台建筑的成功示范，要建成这样一座并无经济实效的“民心工程”，几乎是绝无可能的。

李嵩《汉宫乞巧图》

《西湖清趣图》中的北山大佛寺高台建筑

《西湖清趣图》夕照山的高台建筑雷峰塔院

《西湖清趣图》孤山南高台建筑四圣延祥观

现在仍然雄踞在西湖的高台建筑，只有孤山上建于民国时期的“青白山居”。据说这是军阀杨虎的别墅，建好后并未住过，却做过我们的宿舍，现在似为省图书馆的用房。它的高台基与建筑，都是钢骨水泥，又是现代施工，比南宋的高台建筑应容易得

《西湖清趣图》中的高台建筑德生堂

孤山上建于民国时期的青白山居

多，然而从民国至今，西湖边也仅此一例！南宋西湖的高台建筑却竞相而起，增辉湖山，其反映的不仅是经济何等富有，也反映了工程技术是何等先进！

三、三十年哑谜一朝破解

在《西湖清趣图》中可以清楚地看到西湖边的四座城门，自北而南依次为钱塘门、涌金门、清波门、钱湖门。这四座南宋城门究竟是何形制？从80年代起我就在不断地搜寻图像资料，从佚名《游骑晚归图》到元夏永《丰乐楼图》，使我确信它们应是抬梁式单门城楼，与《清明上河图》中的东角门城楼是完全相同的。但令我长期困惑不解的是，为什么清波门又名暗门？三十多年来笔者一直在

《清明上河图》中的东角门城楼

寻求合理的解释，却始终找不到一个能够自圆其说的答案。然而这是一个说南宋西湖绕不过去的问题。以前每写及此，就解释成因门外有御苑聚景园，出于保安考虑，平时只好关闭清波门，等皇帝来游时再开门。这牵强附会的解释，被洪迈《夷坚志》中的三则故事彻底否定。他故事中的人和鬼大白天的都能从清波门自由出入，证明南宋时的清波门并非“门虽设而常关”。另有几位研究杭州地方史的专家显然也如我般受困于此，这“暗门”就成了长期无解的哑谜。如今细看《西湖清趣图》，如从高空俯视大地，猛然发现清波门城外因有大片绿地，树高林密再加御苑中错杂的建筑遮挡了视线，如在西湖上坐船东望，是无法看到清波门城楼的。其他三座城门前虽也有绿树民房，但量小占地不大，故仍可看到高居于树梢屋顶的城楼，所以清波门虽实有其楼而视

《西湖清趣图》钱塘门

《西湖清趣图》涌金门

《西湖清趣图》钱湖门

《西湖清趣图》清波门（暗门）

之不可得见，也就顺理成章地独得了“暗门”的俗称。如此浅显的道理而长期不为人知，盖因“身在此山中”之故矣。因为不可能腾身云中去俯视西湖，也就不可能获得这一难得领悟了。

四、从未显身的西湖进水口

近见媒体报道，说于湖滨劝业里地下发现了南宋埋没的西湖进水管大木槽。引湖水入城的进水口在南宋《京城图》上有明确的标识，从钱塘门往南至清波门城墙下共有七处，依次为小方井水口、激赏库水口、杨家府水口、相国井水口、镊子井水口、涌金池水口、流福坊水口。这一引西

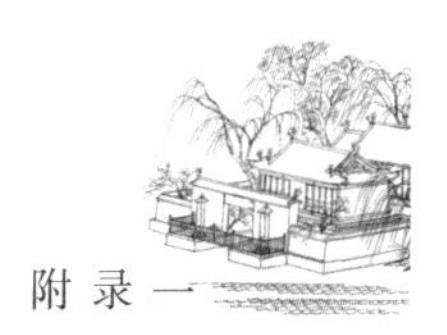

湖水入城供应百万生灵日常所需的重大设施，为唐代市长李泌首倡，后经白居易、北宋沈遘、苏轼不断增修完善，已为杭州城内最早、最完善的供水系统。遗憾的是这一利民工程究竟是何模样，向来只有文字记述而无图像，即使是文字记载，也从无一则详细描述进水口的形制者，千年后的近现代人根本不知道它的真实模样。我们应该感谢《西湖清趣图》的这位佚名画者，他画出了西湖进水口真实可信的图像，使我们终于见到了祖先的这项伟大创造的局部真容。

小方井水口

激赏库水口

杨家府水口

相国井水口

镊子井水口

涌金池水口

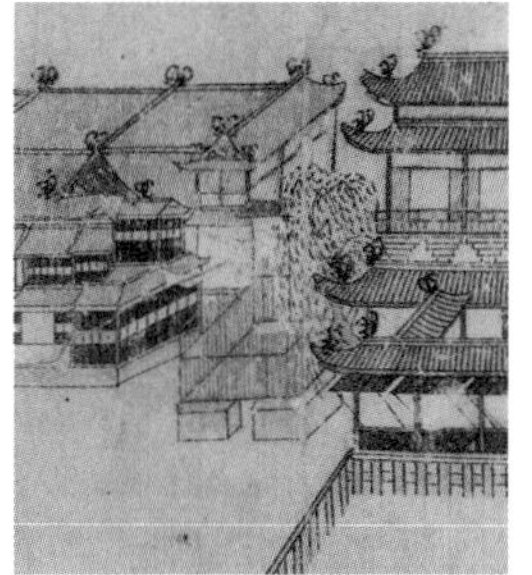
流福坊水口

从图上可以看到：第一，进水口是用砖砌成高出水面的围挡，朝湖面处开口，纳水入城。豁口内可能有竹栅防污物、杂物流入。第二，围挡上装有红漆木栅，既禁人攀爬，也警示远来船只，防止相撞。宋人早已掌握了红色的远视性能，故所有桥栏几乎都漆成红色，宋诗词中也多有赤栏桥、朱栏桥、桥红栏的描写。第三，在进水口后的地面或建有红柱衡门，或建有短墙红栅门，禁人擅入，以利保护。第四，七个进水口的设置原理相同，造型与周边设置却各异，充分体现了设计规划与施工是按因地制宜的原则实施的，绝不是一刀切的懒政做法。因此这一实用工程不仅没有让人感到生硬，感到与周边美景有违和感，反而相得益彰，为湖山增美增奇。这一细节的详确描绘，生动地体现了南宋朝廷对民生的重视和投入。

五、出乎想象的西湖之桥

西湖中的桥至今仍用古名，这些桥名大多来自宋代，于是人们想当然地以为宋代桥的形制大约也与今日桥型相同，即石栏环洞桥，能发挥想象的，仅是桥背加一亭。其实不然！前文《桥》之一章已罗列了一批宋桥图例，表明至少在南宋后期尚无圆形的环洞桥（又名拱券桥）。当时桥无论大小长短，基本上都是立柱（柱放大为墩）平板桥。环洞桥的出现，已是后话，此处恕不展开。

《西湖清趣图》所记之“桥”仍使人惊喜连连。粗分一下，西湖中的桥约有五种：（一）高桥，如断桥，红栏白墩外立面，两端两对红杆白鹤

宋代佚名《长桥卧波图》（局部）

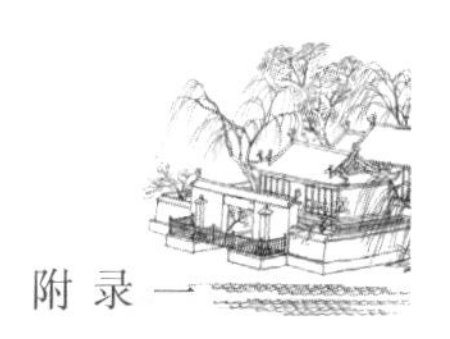

形风向标，墩前各加一对红漆门框式高立柱，桥栏的做法与《清明上河图》中虹桥桥栏的做法相同。整座断桥的造型坚实挺拔而灵秀通透，既便于大船通行于里外湖之间，又因其色彩鲜明，易于辨识，得以减少碰撞事故。其实这一桥在元人夏永《丰乐楼图》的远景中已有简约的描绘，只是未引起人注意罢了。断桥在湖中可称孤例，但由此可联想城中的高桥，也许自有同型号者。

（二）多排柱桥，如西泠桥。由于《西湖清趣图》作者无法表现较为复杂的透视关系，如桥上有门，西泠桥被画成了不可识的模样，熟思久之方悟其意。一经还原，原来如此，别有一番

张择端《金明池争标图》立柱桥

佚名《汉宫秋图》中立柱（柱放大为墩）的平板桥

《西湖清趣图》中的断桥

《清明上河图》虹桥桥栏（局部）

夏永《丰乐楼图》（局部）

情趣！此桥比断桥更加通透秀逸，与孤山隐士林和靖、葛岭西下的古刹正好形成相得益彰的诗意。因其桥下多排柱，即以“多排柱桥”称之。这一类型的桥在涌金门城外还有一座，仅无门。

《西湖清趣图》之西泠桥

笔者据《西湖清趣图》还原的西泠桥

（三）完全的石桥，大者有石函桥与长桥，小者为园中之桥。其他宋画如刘松年的《四景山水图》中也有此式规整的石板石柱石栏小桥。

《西湖清趣图》中的石函桥

《西湖清趣图》中的长桥

（四）苏堤上的中型红栏石面斜墩桥，颇似断桥缩小版。斜墩外立面仍涂成白色，在绿树、碧水、蓝天的环境中鲜明夺目。

刘松年《四景山水图》春、秋（局部）之石板石柱木栏小桥

（五）在玉壶园（约今六公园至圣塘

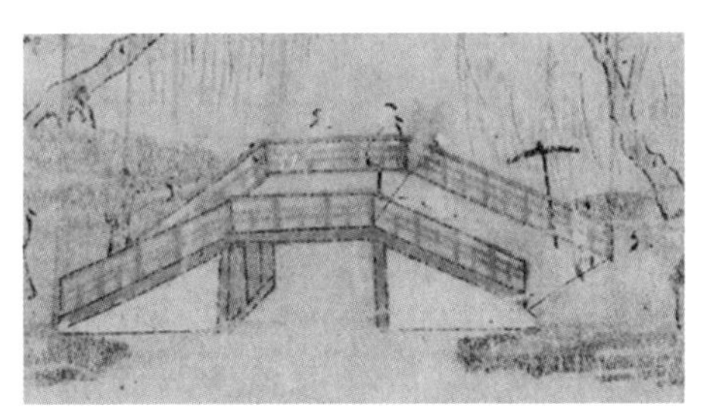

《西湖清趣图》苏堤上的中型红栏石面斜墩桥

《西湖清趣图》玉壶园的小型廊桥

闸一带）濒湖还有一小型廊桥，使南宋西湖桥型变得多样而完整。值得注意的是，这些桥上皆无台阶，仅是斜放着的石板或木板。马麟《荷香清夏图》中的长桥，左右斜置的石板尤其清晰可见。另聚景园中两长堤中间也有点景功能的小桥。

由于我们对西湖宋桥缺乏了解，在“西湖西进”等宝贵机遇中失去了仿建一两座宋式桥的可能。但愿能在今后有所弥补，以使后人看到并体悟宋文化的非凡成就和艺术魅力。

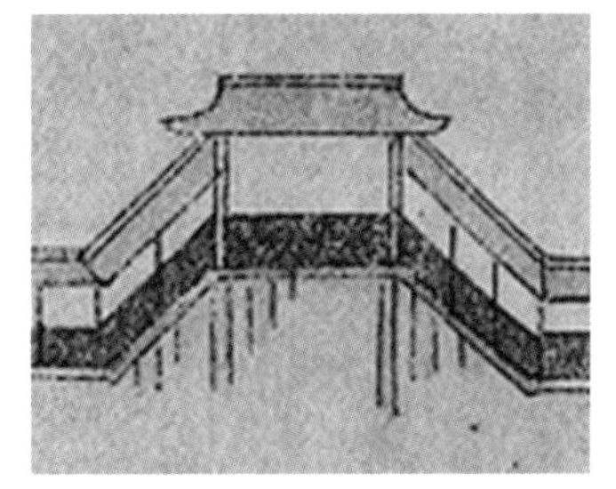
《西湖清趣图》聚景园里的小桥

马麟《荷香清夏图》中的长桥

六、未曾想到的景区大坊门

西湖景区是笔者少时求学的必经之地，但从未见过其间有什么木石坊门，相信我的同龄人当和我一样。但在《西湖清趣图》中，凡沿湖主要景点的入口处都画着高大的敞开式坊门，如苏堤南北两端、西泠桥南首、断桥东首，再就是西侧三贤堂、湖山堂内主入口处又有相同形制而略小的坊门。这种两柱（墙）一顶的坊门，跨路而设，将城市中已被淘汰出局按时启闭的坊门“变废为宝”，不仅是观览时的间隔和标志，也为湖山增添了一种渐入佳境的雅趣。坊身大约为砖砌，白墙黑瓦，底部墙周加设防撞禁攀爬的红色木栅栏，在绿树掩映中分外醒目。另一种功能相同的隔断设施是红漆木坊门，南宋地图上标为“红门子”。唯一不同于前者，是两柱间设有对开的木栅门，可以关闭。我在宋画中还找到一例园林中的红色栅门

三贤堂坊门

西泠桥南首坊门

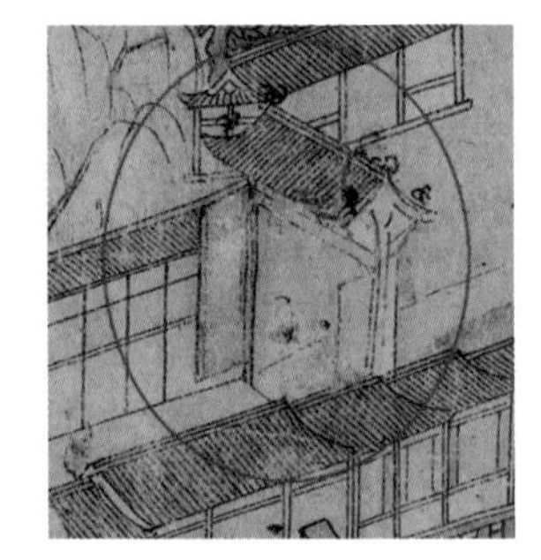
断桥东首坊门

苏堤南端坊门

苏堤北端坊门

湖山堂坊门

栅栏，虽未见于《西湖清趣图》中，按理似不无存在于实际生活中的可能。综上所说，这三种占地小而气势大、有鲜明时代特色的园林设置，似乎可以为今日所用，应该让它们在湖畔重现光华。

《西湖清趣图》德生堂右之红门子

《西湖清趣图》夕照山下之红门子

佚名《曲院莲香图》之红门子

附带一说的是《西湖清趣图》中的路边凉亭。以苏堤为例，似远远超过了各书记载的六桥九亭的总数，此图所见，自南至北共29座。分四种样式：一是四边

四方亭攒尖顶，三面设美人靠

六边亭六角攒尖顶

四方亭歇山顶，三面油设美人靠

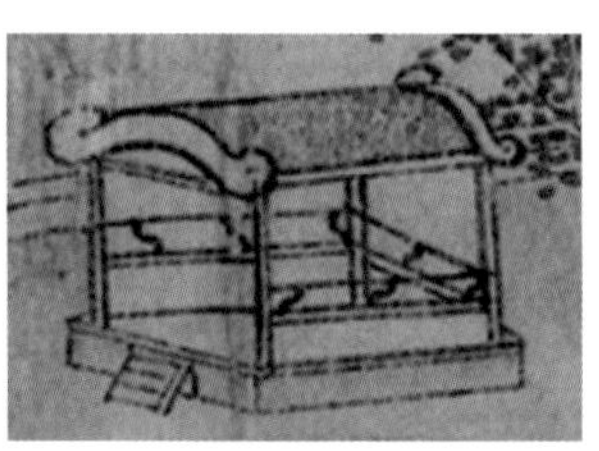
卷棚木板顶长方亭

赵堤上的四边亭

方亭，四角攒尖顶，如长方亭，则采歇山顶；二是六边亭，六角攒尖顶；三是卷棚长方亭，卷棚木板或陶制顶；四是十字形平面的四边亭，十字坡脊顶。四边亭是宋代最流行、最美观的亭，但此图似仅见赵堤一座，名四边亭。因透视复杂，绘者无法表现，笔者姑按其意重画如图。以上四种亭子皆有高出地面的台基，设阶供人上下，柱子不论几对，皆于柱间下设平面座墩，座的外沿皆设美人靠，为游人提供最舒适的歇息条件，南宋朝廷为天下游人考虑得如此周全，可谓出人意外。但全图中极少见重檐式凉亭，只有寺观中的钟鼓楼用重檐，两者之差异可能有什么硬性规定也未可知。

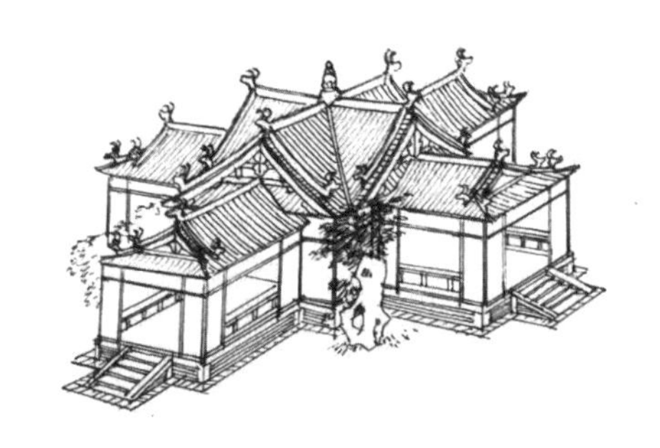
笔者复原的赵堤四边亭

七、画卷中的红墙寺观

这卷画中最引人注意的只有两种颜色：红与黑。用大面积的红色表现的，都是湖周寺观外立面的木板壶式门，寺观的大小木栅门，以及塔的木栏。从敦煌壁画看，唐代寺观外立面都是白墙黑瓦，到北宋画中才出现寺观的红色外墙。这种变化因何而起，起于何时？尚不可知。

《西湖清趣图》中南屏山的净慈寺

卷中最大的佛寺是南屏山的净慈寺。作者为了全面展示其雄伟的“正面相”，采取了将它从夕照山后强拉至与山并肩而立的位置，再进行描绘，使殿宇层层上升，夺人眼球。笔者以线重构，发现它居然与今日之寺貌基本吻合，大门外左右两侧的高台至今未变。全卷以红色壶门为显著标识的寺院约26处，基本上可对照《武林旧事·湖山胜概》找出它们的名号与简历。令人兴奋的还有从无图像存世的大佛寺，千百年来在此画作中首次全身出镜！笔者不禁感叹：原来是如此这般！这种在原本裸露的摩岩石像左右及像后因势造屋，将其“请”入屋内以蔽风雨的做法古即有之，

《西湖清趣图》中的大佛寺

《西湖清趣图》中孤山的四圣延祥观

《西湖清趣图》中的雷峰塔院

笔者复原的孤山四圣延祥观

现存的新昌大佛寺就是一例。在西湖群山中，也有同样的遗存。可惜现存之大佛头遗迹已成一堆面目全非的巨岩，再无观赏修复的可能了。

孤山的四圣延祥观是今人久仰大名而无缘得识的南宋御前著名道观。它在《西湖全图》的草草逸笔中，只有依稀可辨的几处屋面与围墙，无以得窥全豹。此卷中斯观正面迎人，观内建筑高下左右历历如见，几乎可以凭此制作沙盘。观中的植物以杉、松、樟、竹居多，与我们当年居此求学的感受极相吻合。观的大门为三扇并列的大红木栅日月乌头门，气魄宏大，凛然可畏。涌金门外三面环水的显应观，是湖周又一御前宫观，也是仅见记载却从无片影的胜地，卷中也破天荒地作了完整展示。关于西湖沿湖的寺观，下文第十一节将另文详述，可参看。

湖边四塔即雷峰塔、保俶塔、南高峰塔、北高峰塔。《西湖全图》中的雷峰、保俶二塔皆有明确的形象描绘，唯对其塔院未作稍详细表现。此卷中着力刻划了雷峰塔，红色壶式门加红栏，使它十分抢眼。塔与塔院的

关系，也画得比较明了。此外，昭庆寺大红门外左侧的石经幢，疑为南宋“平湖秋月”院墙外的一对小石经幢，也增加人们对此二处的了解。

八、环湖民居的黑色门窗

湖周无处不在的临街或临湖的民居建筑涂成黑色的木板门窗，部分为往上翻起的黑色木板窗，有的是落地长窗，上半部设窗，或直棂，或方格，或斜菱纹。第一种支摘窗，在夏圭的《雪堂客话图》和佚名《水阁泉声图》中皆有极明确的表

《西湖清趣图》中临湖的民居往上翻起的黑色木板窗

《西湖清趣图》临湖民居落地长窗

《西湖清趣图》临街民居斜菱纹窗格

夏圭《雪堂客话图》（局部）

佚名《水阁泉声图》（局部）

刘松年《四景山水图·冬》

孙君泽《莲塘避暑图》（局部）

《西湖清趣图）店面里的陈设

现，可知它的启闭方式和功能，即可随意根据需要决定通风透光还是关闭保暖隔音，或两者兼得。借此反观长卷中画焉不详的支摘窗，便有简单明了的理解。而众多仅有半窗或小窗的涂黑落地窗板，应该就是后世遍布江南的落地槅扇长窗。南宋中期画家刘松年《四景山水图·冬》，最先画出了朝外开启的落地木格子长窗，到了元初孙君泽《莲塘避暑图》中，落地槅扇长窗的形制已经十分接近现存的实物了。

由于《西湖清趣图》作者细部刻划太过疏简，沿湖房屋上千扇一律的槅扇窗完全变成了一种符号，看上去令人厌倦。其实细细观察还能有所收获，那就是窗格的变化以及门窗里的陈设。其中临街的敞开着的屋里摆着货架、桌凳、土灶头、大写“解”字的门帘，一叠叠的蒸笼，挂在门廊下的菜牌面单……

最为奇特的是涌金门外杨府（理宗的驸马杨镇）深入湖面的长廊。这座长廊两侧被槅扇长窗严密包裹，只有每一槅扇上半部等高等大的小方窗，递送着阳光和空气，远看如一节长长的列车。假设到了炎夏，开启或拆去部分槅扇，对

《西湖清趣图》店面里的陈设

《西湖清趣图》涌金门外杨府长廊。

于主人而言，如行琉璃国中，得享无穷之乐。由此可以推知当时沿湖居民的生活，是何等的惬意和潇洒！

九、不可忽略的细节

《西湖清趣图》除了带给我们上述新的重要发现以外，还让我们看到了若干已经消失且无记载、或有图文资料而语焉不详的细节，比如：西湖游船究竟有多大？有几种？如何启动？此卷所绘甚详。大致情形如下：

1. 大画舫，设有垂帘的客舱五至六间，舫首两间，第一间空出供客上下，尾部一律三间，两侧皆为木板，仅上部开窗。

2. 形与上同，仅略小，客舱三至四间，首尾舱设置同上。以上两种船的船顶，皆为微拱、平整如坦途且坚固的木篷，深色近黑，上有五六名船工持长篙，靠撑篙行船。

3. 小船，仅三小间，无首尾舱。船工摇橹以行，此外还有无舱的小舟，划桨行舟。这些小舟中有两款有小舱者，一插红旗，一插白

《西湖清趣图》中的大画舫

《西湖清趣图》中的中画舫

有小舱者一插红旗

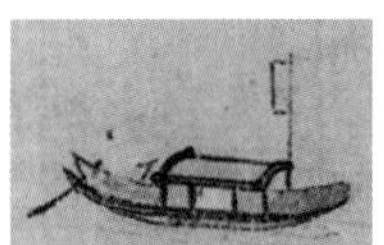

有小舱者一插白旗

长桥左侧竖

小船仅三小间，无首尾舱

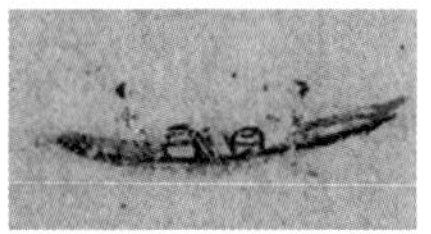

无舱的小舟，划桨行舟

旗，未明功能。从相关记载推测，红者可能是水警，因当年有个机构叫“排岸司”，专管内河水上秩序，其船漆红。白者可能是水上售货（酒食）船、白旗原或有字，因旗小无法写入。

卷中自北而南凡临水地面，几乎皆有矮墙和栅栏，显然是为警示和防止游人不慎落水而设，可见朝廷对民众生命的一体关爱。长桥左侧竖立于路边的“澄水闸”碑，其

凡临水地面几乎皆有矮墙栅栏

苏堤一寺前路中悬挂佛幡的黑色长竿

高耸的火警瞭望塔

酒楼门外各种帛制酒幌

高过人，三字可能是刻石填彩。苏堤上一寺前路中悬挂佛幡的黑色长竿，竿端的翼状饰物为首次看到，尚不知有何讲究；竿高耸的火警瞭望塔的形制，与50年代吴山火警瞭望塔的形制基本一致。

若干处酒楼门外除了悬于高杆上帛制的“酒幌”，还有斜插于地面的“酒幌”。这种特别的“酒幌”从未在别的画中显身。由于其高过二层之楼，幌面的广告语（极有时代特色）必须完整展示，画得极整齐且稳定，似乎丝毫不受风力的影响，令人对其使用的材质不由大费猜测，然尚不可知。

《梦粱录》等记载，每年元宵过后，朝廷拨款，由临安府雇请工匠，修整西湖南北二山间的桥道亭馆，“以备都人春时游赏”。也就是说，本文所涉及的所有湖边旅游设施，无论大小，皆由国家出钱年年修缮一新。这在我国历史上，恐怕也是空前之举。

十、消失的二岛终于浮出水面

南宋外西湖的辽阔湖面上并无现在的三个小岛，反而在苏堤西侧从南第一桥到南第三桥有三座半岛或小岛，皆以岛上的主建筑命名，依次为先贤堂（约今花港公园）、湖山堂、三贤堂。在周密等人的记载和诗词中曾多次写到这三岛，对湖山堂尤其颇多赞美。令人痛惜的是，后两岛不知何故在元代就消失了，从此退出了人们的记忆，再无人知其大概。《西湖清趣图》的出现，让消失长达约六百年的堤西二岛终于重新浮出了水面。

据记载，南宋“西湖一日游”的行程是先南后北，即从涌金门外上船，向南在船上观赏灵芝寺（今钱王祠）、显应观、聚景园等一应景点，至长桥折西在夕照山前上岸，游雷峰塔、净慈寺，回船稍前折西，沿苏堤东侧湖山堂前泊舟上岸，时近中午。故《西湖清趣图》中此处前后停泊着五六艘大型画舫，岸上西边排列着四座简单的棚屋，靠入口木衡门处还飘着一面“招幌”（广告旗），但字迹不清。此处即为游人购买点心小吃和土特产品的湖上市集。过了堤西小石桥，迎面是白坊门和白墙围成的院落。院内外桃红柳绿，兼有小亭。其西巨杉高松中有歇山顶红墙数段，朝南排列，可能为湖山堂主体建筑。上述院落之左，地面向西退入，又有坊门二进院落，屋皆东向，唯南向面湖之处有两排屋面特长，并改为坐北朝南。其最前一屋，可能就是记载中颇受称道的面宽十一间的水阁。因透视所限，作者无法作正面描绘，不过总算找到了它的下落。

《西湖清趣图》苏堤西侧两岛之一的湖山堂

《西湖清趣图》苏堤西侧两岛之一的三贤堂

三贤堂是白居易、林逋、苏轼的纪念馆，岛面积显然比湖山堂岛小许多，但入口处外，木衡门两侧筑白墙围成左右竹园，内各一亭，颇有文人高逸潇洒的风范。过桥后的建筑也量体裁衣，特别紧凑，就东向正堂后屋各一间外加坊门廊屋，曲折而围成一院。唯院内外南北两端临湖各建一水

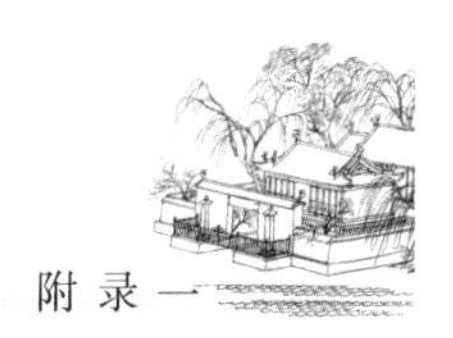

湖山堂复原线图

三贤堂复原线图

堂。画作者为了让本来囿于透视无法表现的南水堂正面让人看到，就将它强行扭过身来，原来装着红格子窗共三开间。看起来虽然太过别扭，实也用心良苦。

上述二岛元初时还偶见于诗词，不知彻底消失于何时？又为何消失？可惜“西湖西进”时尚不知有《西湖清趣图》的存在，不然若能趁此良机修复二岛二堂，相信对西湖的建设与发展一定大有裨益。

十一、西湖沿湖寺观与园林

令人备感惊喜的，还有热爱宋文化者耳熟能详的净慈寺、显应观、孤山四圣延祥观等景点，也终于在《西湖清趣图》中得见真容！

净慈寺除了建筑物外包裹着的红色木壶门窗，经我稍变角度、画成线描稿后发现，竟然与今天的结构大体上保持一致，无所改变！（图见前文“画卷中的红墙寺观”一节）甚至可以说，寺大门外两侧的石垒高墙也许就是原物。

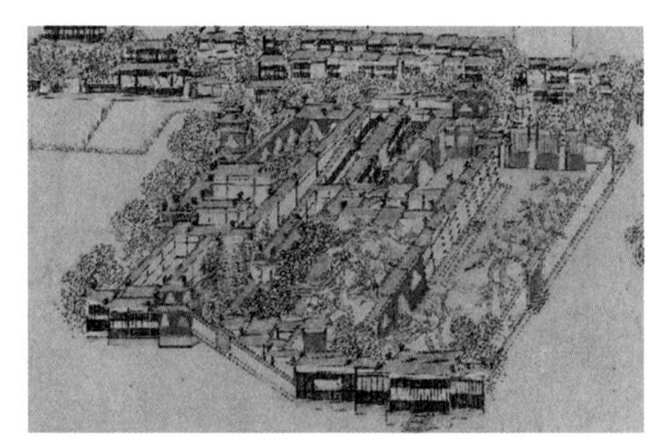
《西湖清趣图》中的灵芝寺（左）与显应观（右）

显应观由于只有文字记载，根本无法想象它的具体布局和建筑，看图则一目了然，不由恍然而悟。原来它东邻城下大路，三扇并列的高大的大红乌头门朝东而设。进门后，整个景区分左、中、右三部分：右部（南）等于入门后的广场，供参加祭祀的官员和随从们列队、休息兼观景，或换乘上船，故南墙内排列巨松，墙上开门有阶入水。朝北皆为门殿，以通中部。中部分东西两片，西向湖面的是园林，其东为观内祭祀应王崔珏的主殿。这应王就是宋高宗即位前以康王身份出使金营路过磁州，被守臣宗泽借神劝留的神——当地应王庙中的应王，也即民间传说“泥马渡康王”中的泥马的主人。由于这一历史缘由，显应观位列“御前十大宫观之首”，由朝廷派员一年两祭，皆极隆重。值得注意的是，主殿（有红墙）后屋之北有一条极长的廊屋，果然“长廊靓深”，可能就是画院待诏

萧照和苏汉臣绘有康王使金图的壁画之处。左部其实就是灵芝寺，原为钱王的别苑。陆游十九岁来京应试，“借榻灵芝宿僧廊”，就借住于此。该寺与显应观就隔了很狭的一条小弄，弄的西端与显应观同在一墙之内。寺内的主殿东向，两座钟鼓楼也只能因地制宜，无法相对展开，分居于前后。由于今钱王祠与柳浪公园的多次改造，今人已经无法想象当年的真实模样了，幸有《西湖清趣图》才让我们明了显应观的真貌，其所在原来就是今钱王祠之左地块。

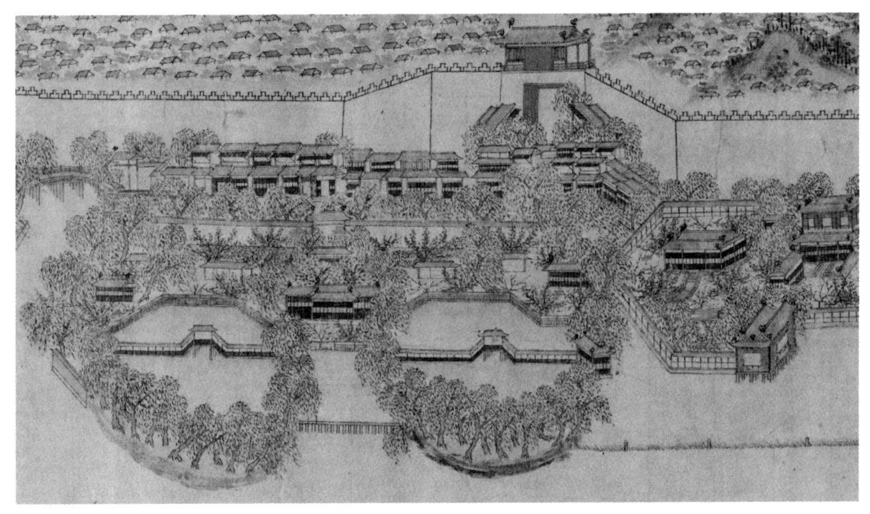

《西湖清趣图》中的聚景园

笔者复原的聚景园

与显应观在炎夏时许人入内乘凉不同，聚景园的门禁似较森严，因此作者画前者较为具体，画后者却比较概念，密密麻麻、千屋一律的建筑既无高下主次，更无法按图索骥找到记载中的殿堂楼馆，唯有面湖的外围部分因人人坐船可见而有翔实的描绘，如两条半圆形的柳堤，堤内水上两条中有廊桥的小道，皆有鲜明的特色，有较高的可信性。其他芳林美屋但见繁密之胜状，已无具体细节可观。估计作者对此也不甚了了，只能虚枪一晃算数。

有相同缺陷的，是孤山的四圣延祥观。它的外墙、三门并列的大红门、小偏门，以及突出湖面的疑似平湖秋月小院，都有具体可信的描绘，山上以杉、松、竹、樟为主的植被也很符合实际（今仍如此），唯有园内具体的殿堂楼观的布局与外观，就显得不合情理甚至概念雷同了。在当时等级森严的背景下，只有皇家画院的待诏可以近距离观察所描绘的对象，无法责怪处于社会下层的民间画工，所以这位无名作者已经尽力而为。《西湖清趣图》中另有凤林寺、菩提寺、雷峰显严院、宝 俶塔、大佛寺、玛瑙寺、净慈寺、环碧园等景，笔者并有部分复原画作，读者可参看。

《西湖清趣图》孤山下的疑似平湖秋月小院

笔者复原的疑似平湖秋月小院

《西湖清趣图》中的凤林寺

笔者复原的凤林寺

《西湖清趣图》中的菩提寺

笔者复原的菩提寺。在钱塘门外，北邻玉壶园

《西湖清趣图》中雷峰塔下寺名雷峰显严院

笔者复原的雷峰塔。下寺名雷峰显严院，筑于高台基上，书皆无载

《西湖清趣图》中的宝俶塔

笔者复原的宝俶塔塔院，名崇寿禅寺，吴越王臣吴延爽建

《西湖清趣图》中的玛瑙寺

笔者复原的玛瑙寺

《西湖清趣图》中的净慈寺

笔者复原的净慈寺

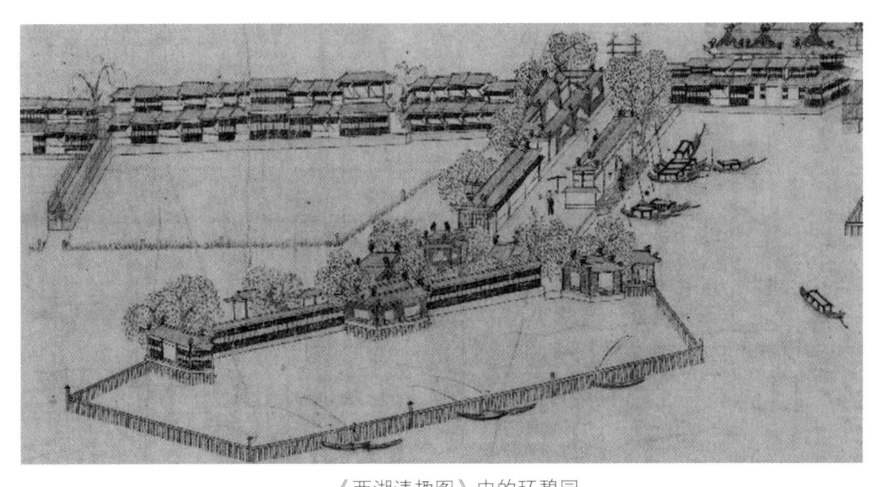

《西湖清趣图》中的环碧园

笔者复原的环碧园（涌金门外柳洲寺侧杨太后宅园）

《西湖清趣图》之作者，为后人保留了南宋临安西湖的大部分真实面貌，理应得到尊重、感谢和敬意！

十二、《西湖清趣图》带来的新的疑惑

《西湖清趣图》虽然消除了许多历史疑点，让我们看到了南宋晚期一个真实的西湖，却也带来了新的疑惑。简述如下：

第一，图中西湖四门皆作抬梁式。据古代建筑法则，这种由门洞两侧各竖一排大柱抬起门顶横梁的做法，大柱下必有石制地栿，即柱末端可插入石地栿预先挖好的槽孔中，才能稳固。但据说考古并未发现此物，因此认为南宋的城门已非抬梁式，而改成了拱券造即圆门洞。叶肖岩《西湖十景图》中正巧画了一座圆门洞。这样就产生了一个问题，作者画的城门（包括整个城）究竟是未改以前的样式，还是不喜欢圆门洞，故意画成旧的形式以表达完整的古意？还是叶所绘是闭门造车？因为元夏永《丰乐楼图》的前景涌金门虽不完整，仍可看出是抬梁式，再则叶画的十景大多与实景不符，几乎不足为凭。

第二，为何不见三潭印月的三座小石塔？李嵩的《西湖全图》也存在

叶肖岩《西湖十景图》之三潭小石塔

这个问题，但能作合理解释，即活动于宋宁宗时的他，无法先期看到宋理宗后期三座小塔的重建。据我早年的考证，西湖十景定名约在宋理宗景定年间（1260—1264）。在宋人诗词中，早有或明或晦描绘其他九景风光的作品，唯独没有写到三座小塔。从历史看，这三座小塔原是北宋

笔者所绘三潭景致

苏轼（1037—1101）任杭州太守时治理西湖后设置的标志物，一塔在苏堤东，两塔在堤西湖面，目的是禁止在三塔范围内种植菱芡。然而从苏轼以后到宋理宗景定年间漫长的一百五十余年中，三塔似已不存。所以在描绘十景的作品中曾有一幅名“石屋烟霞”，后来可能以十景必须环湖为硬杠子，“石屋”落选，“三塔”上位，并把它们移在一起“簇簇如鼎”，始成一景。按理作者似应目睹其事，为何视而不画？还是再次失踪？我从叶肖岩的《西湖十景图》中拣出了三潭小石塔的图像，原来其外形如观音手

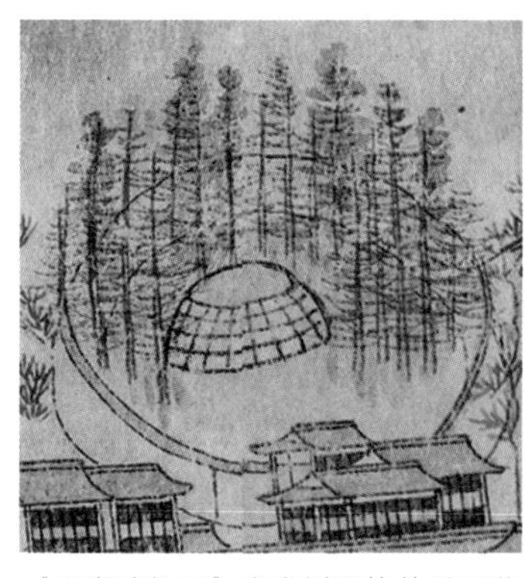

《西湖清趣图》中高树环抱的岳飞墓

《西湖清趣图》中的岳飞墓前街

中的净瓶，是否当时也有不同意者？则已不可晓。

第三，葛岭西端曾有南宋后期误国大奸贾似道的府第，各式建筑层层上升，踞山面湖，丽若仙宫，以至五六十年代站在西泠桥上北望，还能清晰地看到葛岭朝南山坡上几处高大坚固的台基，据说就是贾府建筑的遗迹，但画中却了无所见！竟然找不到可与记忆和记载对接的图像。在其又西的栖霞岭下，有高树环抱的岳飞墓（无岳云墓），更找不到岳王庙的踪影。这一卷旨在真实表现西湖美景的画中，能把因透视无法表现的净慈寺强拉到与雷峰塔并排的位置，为何略去了明明突显于视野中的贾府、岳庙以及昭庆寺大殿群呢？这奇怪的现象究竟意味着什么呢？

《西湖清趣图》丰乐楼

夏永《丰乐楼图》（局部）

第四，此卷中的丰乐楼是正面朝向西湖，整座建筑（包括裙楼与主楼）形成回字形平面。但是马远《雪景四段》画中的丰乐楼（未标名）与元夏永《丰乐楼图》中丰乐楼是从后面向前画，二者造型结构基本一致，说明宋末元初丰乐楼始终未变。

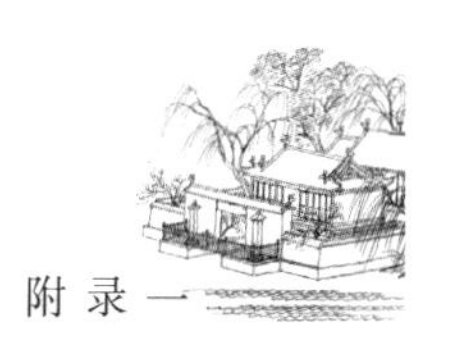

而其建筑平面为横长竖短的十字形，楼正面为三开间。有鉴于此，我创作的《风雨丰乐楼》图中，就将马、夏二画中的楼调正了方向，使成正面朝湖。但《西湖清趣图》中之楼却成了回字平面的五开间，这巨大变化究竟是作者画错了，还是楼经历了彻底的改建，为作者所见并定格于画中？

这些问题最终似乎均被引向一个方向，那就是宋末元初的历史大背景。鉴于这个问题太过复杂，已经超出了本人力所能及的范围，只好就此打住了。

笔者所绘《烟雨丰乐楼》（局部）

附录二

与时俱进的南宋建筑
——从《西湖清趣图》看南宋后期的建筑

现在终于可以认定，佚名《西湖清趣图》（以下简称《清趣图》）产生于宋度宗时期（1264—1274），即宋亡前夕。因此《清趣图》所表现的，便是南宋后期，也即宋理宗亲政的端平元年（1234）开始的西湖园林和建筑的情况，而这最后五十多年间的有关建筑方面的信息，正是此前研究长期阙失的。南宋建筑如果缺了这五十多年，前一百年的情况研究得再深入，仍然是不全面、不完整的，有的问题就变得无解。所谓“亲见者不诬”，现在可以用《清趣图》来进一步了解南宋后期建筑了。

《清趣图》中建筑出现的最大的变化，是建筑样式和局部构件突破了盛行百年的传统，即南宋初期为南渡中原贵族适应杭州冷热悬殊的天气，而设计创造的包裹房屋四周的、可装卸木格子长窗。而今终于开创了全新的模式，并为后世所继承发展，其详如下（注：本文画作均据《清趣图》复原，以使读者获得直观感受）。

一、勾连式屋顶大量出现

从钱塘门外的店家到沿湖贵戚私园中的楼房，勾连式屋顶使原本一屋一顶的建筑变成了一屋两顶，省去了两座平行的楼房之间必须保持的距离，大大节约了建筑用地和建筑原材料。二合一的超大空间，为人们提供了此前不能想见的便利和享受，所以搜索全图竟有九十六处。可见其受

欢迎的程度和发展的迅猛。根据《清趣图》再创作的《甘园》，不大的园子内，一主（堂）一次（楼）竟然都是勾连式屋顶，就说明这新创的建筑是如何受人欢迎的了。遍布西湖沿岸随处可见的勾连式建筑，构成了西湖全新的景观，反映了当时都城临安的富有、繁华，也反映了人们不断探索的精神和成果。

佚名《蓬瀛仙馆图》

甘园（方竑 画）

佚名《蓬瀛仙馆图》画中的主体就是一座勾连式大楼，是宋画中的孤例。由于此图绘画风格更近似元人，一直被我当作元画，以至将勾连式屋顶当成元人的发明，现在可以作这样的更正：不是元人发明了勾连式屋顶，而是宋人创造的勾连式楼屋，为元人所沿袭。

二、落地长槅扇窗的流行

流行了百年的木格子窗虽然极具特色，但需时装时卸、劳神费力的缺点终于迫使人们想出替代的方法：落地长槅扇窗。在北方出土的北宋和金墓的砖雕中就有槅扇窗明确的造型。在南宋绘画中最先出现于刘松年《四景山水图·冬景》中，比李嵩迟出的画家梁楷的《黄庭经神像图》中，道观大殿正面就安装着落地长槅扇窗。但前者只是一扇不用装卸的朝外开的木格长窗，后者则已具备了四抹头槅扇窗的特点。此后长槅扇窗在画中又不见了踪影，以致使人怀疑其是否曾流行一时。直到《清趣图》出现，才发现槅扇窗与木格子窗已平分秋色，且有后

刘松年画的长木格子窗

梁楷画中的长槅扇窗

来居上之势了，连古刹中的两层僧房也全装上了槅扇长窗。长槅扇窗（六抹头）与屋等高，顶板、腰板、裙板、底板约占窗总高之半，全封闭，长年保持着挡风寒、保室温的作用，另一半为透空的窗格，留以通风和采光，保留了木格窗的功能，上下固定，启闭随意，省却了装卸之烦，预示着后来不可逆转的趋势：宋式可装卸木格子窗全线下架，退出历史，槅扇窗一统天下，遍及南方城乡各式建筑。

同时流行的黑色支摘窗的优点是兼具防晒、防雨功能，又通风透光，是木格窗和槅扇窗都无法替代的，面施黑漆具有最好的避光性，入夜一关

凤林寺（赵华 画）

张园迎光楼（孙宁　画）

主楼前的超大露台堪称西湖边第一座民用露台。旁是长槅扇窗的楼房，临水平房皆作槛窗（半墙半窗），开启了后世江南水乡民居建筑的先河。

可遮尽屋内的灯光。黑漆槅扇窗和支摘窗构成《清趣图》画面的一大基本色，预示着尚存于世的木格窗的历史任务即将完成，中原贵族的子孙们习惯了这里的气候，却对窗子的装装卸卸久已厌烦。

三、西湖边的第一座大露台

露台即今阳台。在南宋，只有表现宫苑小景的绘画中画有高大上的露

台，宫苑之外的臣民之家是不见露台踪影的。李嵩的《西湖全图》便是证明。在《清趣图》的湖边私园中，也只有张府迎光楼前有一座超大露台。张府是南宋初大将、循王张俊家的私园。迎光楼本身已是勾连式二合一建筑，露台是建在依附于主楼前左右三面的平房屋顶之上。这样浩大的工程，是以张府雄厚的财力为基础的，同时也反映了当时工程技术的成熟。

四、卷棚顶的出现和升级

作为传统建筑屋顶样式之一的卷棚顶，在南宋绘画中几乎未见身影。最早可以查到的卷棚顶，不是整座房屋的屋顶，而是主屋正门前抱厦之顶，见于刘松年《四景山水图》之冬景。抱厦是正门前加设的与门框大体等高、等宽或稍宽的、有柱无墙的类似亭子的附属建设，功能是备来客在此换鞋整衣，准备接受主人邀请登堂入室。卷棚顶使这一小院变得充满温情。《蓬瀛仙馆图》中卷棚顶已用于凉亭，而《清趣图》中不仅有卷棚顶凉亭，在里西湖秀邸水月园中，第一次出现于卷棚顶楼屋，与传统歇山顶水堂并列湖面。秀邸是宋孝宗胞兄、秀王赵伯圭家的别墅。所以卷棚顶楼出现于此表明这种形制获得了皇家的青睐，从此跃上了一个新台阶，跻身中国古代传统建筑的屋顶样式之一，被广泛运用于园林之中。

刘松年画中的卷棚顶抱厦

秀邸水月园（谢煌　画）

水月堂侧的卷棚顶小楼，因位居宋孝宗曾经临幸的皇亲之园而从此身价百倍。

五、战火促成了城楼的改进

在《清趣图》中的湖滨四座城门城楼，都是抬梁式结构，又称排叉柱造，与《清明上河图》中的东角门楼相同。这种城门洞的正面外观成正梯形，上平而下宽，顶平面与城楼的底平面长宽相等，所以人是不能跨出城楼栏杆以外的。其城门洞的两侧各竖着一排高大粗壮的木柱，上架横梁，梁上铺板，板上夯土连接左右城墩使成一体。为防止日久巨柱移位，巨柱的根部被挨个嵌入量身定制的石槽内，埋于地下固定。这石槽称为地栿，

有无地栿就成为考古界推断古城门究竟是抬梁造还是拱券造（环洞门）的依据。由于杭州考古界未在千年未变门址的钱塘门遗址发现地栿，因而认为南宋城门不是抬梁造，而是拱券造。

南宋绘画中出现拱券造环洞城门的只有一例，有下图为证。为何出现前后不一的城门，这就不能不了解当时的背景。理宗端平元年（1234），宋蒙联合灭金后，蒙军毁约侵宋，首先猛攻四川。战争中火炮的广泛使用，使梯形城门在防御上的天生缺陷暴露无遗。在此严峻的形势下改造旧式城楼增强防守能力，就成为顺理成章的不二选择，于是环洞城门第一次显身于南宋京城。至于是否同时改造了京城所有的城门，还是仅改了几座，则史无明载。但不论如何，找不到地栿不能成为否定南宋曾有梯形城门的理由。

清波门城门改造完成于何年，同样史无明载。但西湖十景定名之年尚可推测。十景中九景是现成的，唯有三潭印月是临时移建至此，由湖面上的三座小石塔组成（当时尚无“小瀛洲”岛）。十景定名，文人们咏诗绘景，发起人即诗人兼作家周密。根据杭州大学已故词学家夏承焘教授考证，此事发生在理宗景定年间（1260—1264）。据此推测十景定名应在其

叶肖岩《西湖十景图·柳浪闻莺》前景清波门环洞式城门，是南宋绘画中唯一的形象记录。

时或稍前，而叶肖岩的十景图也应出于同时（如错过了最佳时间，这套组画就会身价大跌），因而也可以说，这就是完成城门改造的大致年代。

《清趣图》中的湖山堂是在度宗咸淳三年（1267）建成开放的，说明这位佚名作者既看到过湖山堂，也看到了改造后的环洞城门，但是他却作了选择性的无视。而与佚名作者同时的马远、马麟父子和夏圭等画家也没有画过环洞城门（可能有图但未存世），说明画家有权选择或舍弃某种现实景象，无须解释和猜测其原因。

钱塘门（方竑　画）

六、西湖桥梁的更新

在李嵩的《西湖全图》中，画了断桥、西泠桥、苏堤六桥、长桥等，造型简略，似乎多为平梁石墩桥，这些桥梁至少已有五六十年“桥龄”，获得了人们的认同。但在《西湖清趣图》中，这些高龄古桥大多焕然一新，变得各具特色，俊俏亮丽，成了湖中另一道风景线，生动体现了南宋后期政府对园林景观建设的重视和工匠的智慧。

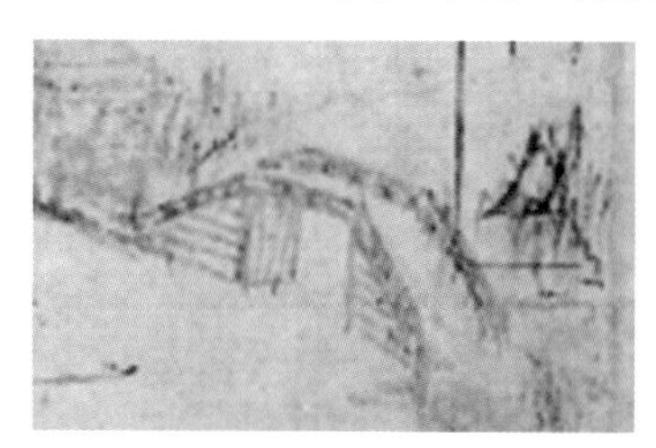

①《西湖全图》之断桥

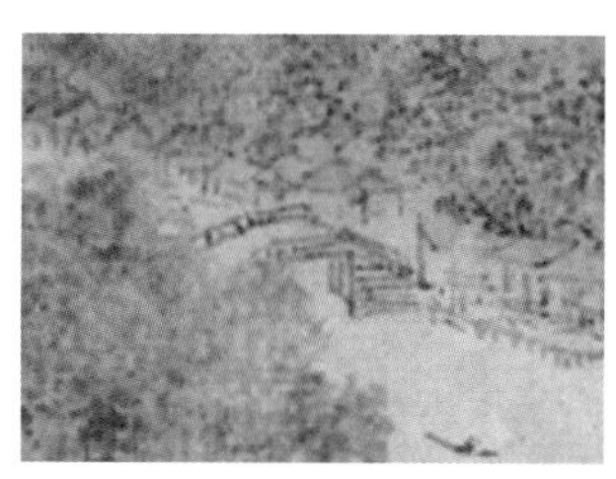

②《西湖全图》之西泠桥

③《西湖全图》之长桥

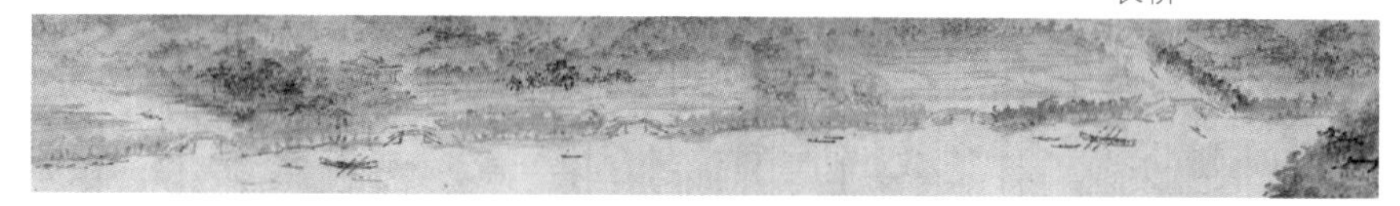

④《西湖全图》之苏堤六桥

1.断桥

斜坡平梁，桥柱桥栏皆红，桥墩涂白，远望鲜明夺目。桥端各竖一对红杆风向标，与《清明上河图》中虹桥下的风向杆一贯相承。

断桥（傅箫　画）

2.西泠桥

由于《清趣图》作者无法表现桥与桥上门的透视关系，画出的印象令人愕然。

《西湖清趣图》之西泠桥

经反复辨认方悟其意，现据此重绘，复其原貌，竟别具一格，尤与孤山隐逸诗人林逋的诗情相合，通透疏朗中雅趣天成。

西泠桥（许赟　画）

3.长桥

全石构斜坡平梁桥，更能适应西行繁忙的交通。

长桥（孙宁　画）

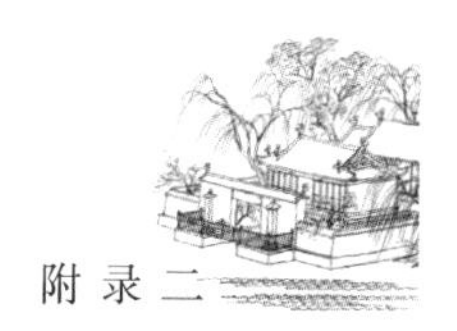

4.廊桥

玉壶御苑中的小廊桥，既为点缀，也增情趣。

玉壶园小廊桥（孙宁　画）

七、大型建筑和公共建筑

南宋绘画中很少表现大型建筑的宏大场景和建筑物之间的复杂关系，大多皆以一座或几座相关的建筑组成主从相辅的布局，加以精心描绘。赵伯驹的《江山秋色图》这样全景式展现南方山区建筑与景色的作品，只产生于南宋前期。自此而下，同类的山水画长卷虽代有佳构，那种精深刻划每一局部的作风却已不可再见。《清趣图》在技法上可谓尚不成熟，却认真记录了“一色楼台三十里”的西湖全貌。其中表现了几处今已不存或虽存而与昔大异的大型的公共建筑，如德生堂、湖山堂、玛瑙寺、雷峰塔、显应观等。

1. 德生堂

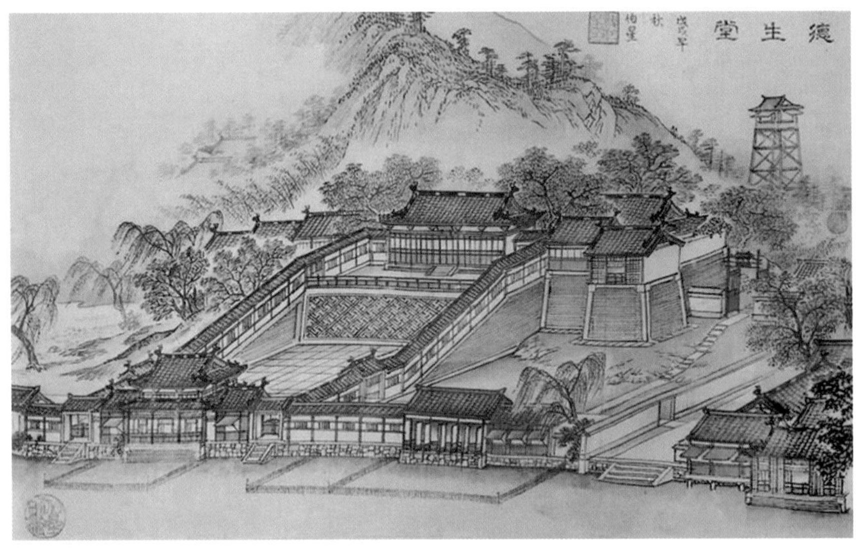

德生堂（傅伯星　画）

五开间大堂高踞于高台之上俯瞰平湖，左右两侧的封闭式斜廊供人上下。临湖处似为一家食店。可惜没有对大堂室内陈设的记述，似乎一年间只有四月初八佛祖诞辰纪念大会才人满为患，喧闹终日。

2. 湖山堂

再创作不能原封不动照抄截图，为避开堂前购物处，反复勾勒，始得定稿如右图。其南前十一间水阁，据《武林旧事》所载设计。草图中朝东之屋按原图朝向，发觉有误，即古代除受地形限制，无向东之屋，故皆改南向。

湖山堂复原线图

湖山堂（赵华　画）

湖山堂其实就是一处大公园。桥西苏堤入口处建有四座简易房，用于售卖食品和旅游纪念品。乘船作一日游的线路是先南后北，正好在此期进餐购物，然后回船进入下午的游程。公园的布局从俯视看一目了然。门向东，三进平屋向南，北为杂树林。整体布局自然而紧凑，没有过度的修饰，只有天地湖山之美可以陶冶性情。

3.玛瑙寺

《玛瑙寺》图的第一稿与截图基本相同，主题反成配角，后取寺高瞰平湖之状，始得奇观如右图。

玛瑙寺复原线图

玛瑙寺（谢煌 画）

这座建在山坡上的佛寺，随着山势升高，三重檐两层的主殿在当时已属高层建筑。红漆壶门窗在湖山间分外夺目。在西湖四周的寺观中，该寺的规模只处于中等，但居佳胜之地，为人乐往。

4.雷峰塔

初欲分二图，一为塔，二为塔下景，发觉塔下寺与私园记述不详，难以一一确认，始舍而合为一图。

雷峰塔复原线图

雷峰塔（傅伯星 画）

该塔始建于北宋初年，南宋初重建，八面五层，是西湖边登眺湖山全景的最佳之处，也是游湖必到的景点。令人惊讶的是除了整座塔院建在高台基上之外，还有朝北的一条小路可供上下，曲折可达湖岸。山下面湖处皆为寺院和私园，塔南路对即净慈寺一角。千年寺钟，传响至今。

5.显应观

由于此观与灵芝寺原系一体，无法分割，唯一之法只有自南往北取景，压低视线，将寺“逼入”背景至渺不可辨。图成，视之果然。

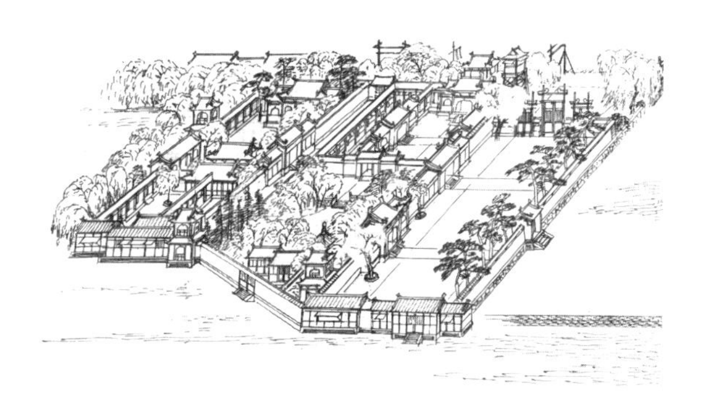

显应观复原线图

显应观（孙宁 画）

《清趣图》完整展现了西湖边两大“御前宫观”，即孤山的四圣延祥观和南岸的显应观。据记载，显应观是“析”灵芝寺（即今钱王祠）之地而建。由于主神有恩于高、孝二帝，故该观列“十大御前宫观”之首，每年春、秋两祭，皆由朝廷派员主持，大红门内即停车（马）场。但每年六七月向外人开放，供民众来此避暑纳凉。

通过以上五例可以发现，南宋的大型公共建筑，不论寺观和公园性的景点，都采取因势赋形的建造原则，除了修筑防潮湿、拓视野的高台基，对自然环境极少人工干预。各式建筑紧随时代，新旧形式同时并存，而非一概除旧布新，既保持传统的延续，又与时俱进，有机更新。具体来说，一、无琉璃瓦的泛滥（全图未见一例）；二、除御苑及公共建筑如桥梁外，未见民间有红柱之屋（属违禁）；三、小如开间、大如整座建筑的体量，都不可与中原比，都属于轻、小类型的建筑，但风韵特具，园林化程度尤高，可谓开宋后六百余年南方大型公共建筑模式的先河。

八、“欢门”的消失

《武林旧事》《梦粱录》都写临安城内酒楼食店的门外设有繁简不一的“欢门”，即张择端《清明上河图》孙羊店、十千脚店门外的彩棚架子。二书说临安饮食店都继承了这一宋太祖肯定过的装饰，保持着汴京风韵。但在

左：《闸口盘车图》中的欢门骨架
右：《清明上河图》中“十千脚店”门前的欢门

《西湖清趣图》中不论是钱塘门外的先得楼，还是涌金门外的丰乐楼，或是南北大街上无数临街茶坊食店，门前皆无“欢门”踪影，只剩下了酒招高悬。这表明早先古老的风俗已经改变，汴京遗风已不再是吸引人的招徕之术。杭城饮食经百年实践已经闯出自已的招数，店内外装修也随之有了调整，更加本土化、世俗化，与汴风主导的前一百年脱轨，而与后世的餐饮文化悄然接轨。所以在老照片中的杭州酒楼食店，昔日的汴京遗风早已不见踪影。

《西湖清趣图》展现的一切，想告诉后人的是：南宋后五十年的建筑没有到此停步，而是在不断探索、求变、创造中继续前行。前百年创造了风行一代的可装卸木格子窗，解决了南渡中原人适应此间气候得以安居的大难题，同时创造了移门、高台基、爬山长廊等等与之配套的构件，后

先得楼（许赟　画）

该楼又名望湖楼，北宋苏东坡曾有诗云：“望湖楼下水如天。”南宋此楼前已无欢门，门面装修已与今之名楼相差无几。

五十年则新创了勾连式屋顶、长槅扇窗，卷棚顶因升级而大行，街市装修更加本土化、世俗化……总之，与时俱进的南宋后期建筑，承前启后，它的历史贡献不该再被无视和忽略。

这就是佚名《西湖清趣图》所蕴含的人文价值。

主要参考书目

1. 刘敦桢主编:《中国古代建筑史》, 中国建筑工业出版社, 1980年。

2. 傅熹年著:《傅熹年书画鉴定集》,河南美术出版社,1999年。

3. 傅熹年著:《傅熹年建筑史论文集》,文物出版社,1998年。

4. 杨鸿勋著:《宫殿考古通论》,紫禁城出版社,2009年。

5. 侯幼彬著:《中国建筑美学》, 黑龙江科学技术出版社, 1997年。

6. 台湾“故宫博物院”编著:《故宫藏画精选》,读者文摘亚洲有限公司,年份未详。

7. 李慧淑主编:《中华五千年文物集刊:宋画篇》,台北出版社,1985年。

8. 傅熹年主编:《中国美术全集·两宋绘画》, 文物出版社, 1988年。

9. 段滨编:《宋画·山水卷》,西泠印社出版社,2005年。

10. 中国画经典丛书编辑组编:《中国人物画经典·南宋卷12》,文物出版社,2006 年。

11. 俞建华、陈松林编:《中国绘画全集》(1—6),浙江人民美术出版社、文物出版社,1999年。

12. 吴宪生、王经春主编:《中国历代名家技法集萃》(山水卷·宫室舟桥法),山东美术出版社,2000年。

13. 单国强主编:《中国历代小品画》(人物卷),山东美术出版社,2003年。

14. 彭莱编:《中国山水画通鉴·界画楼阁》,上海书画出版社,2006年。

15. 游新民编著:《中国界画技法》,江西美术出版社,2000年。

16. 刘育文、洪文庆主编：《海外中国名画精选》，上海文艺出版社，1999年。

17.《两宋名画册》，台北艺术图书公司，1983年。

18.《名画经典·李唐文姬归汉图》，四川美术出版社，1998年。

19.《名画经典·马和之绘画册》，四川美术出版社，1998年。

20.《宋画全集》，浙江大学出版社，2009年。

21.《国宝在线·千里江山》，上海书画出版社，2005年。

22.《国宝在线·山水小品》，上海书画出版社，2005年。

23.《国宝在线·湖山清晓》，上海书画出版社，2005年。

24.《国宝在线·宋人山水》，上海书画出版社，2005年。

25.《南宋四家画集》，天津人民美术出版社，1997年。

26.《中国台北"故宫博物院"藏宋元名画》，浙江人民美术出版社，1987年。

27. 沈柔坚主编：《中国美术辞典》，台湾雄狮图书股份有限公司，1989年。

28. 朱秀选编：《宋画集粹》，浙江人民美术出版社，1997年。

主要参考画目

赵葵《杜甫诗意图》(局部)/206

佚名《柳阁风帆图》(局部)/206

佚名《秋林飞瀑图》(局部)/207

刘松年《秋山行旅图》(局部)/207

托名赵伯驹《春山图》(局部)/209

王振鹏《金明池争标图》(局部)/212

佚名《却坐图》(局部)/213

佚名《高士图》/214、225

刘贯道《故事图册》(局部)/214

马公显《药山李翱问答图》/215

佚名《松下闲吟图》/215

佚名《学士图》/215

李嵩《骷髅幻戏图》/216

刘松年《文会图》(局部)/216

李成《读碑窠石图》(局部)/217

赵伯驹《汉宫图》/222

苏汉臣《妆靓仕女图》/225

顾闳中《韩熙载夜宴图》/226

刘松年《撵茶图》/227

赵佶《文会图》(局部)/227、231

佚名《蚕织图》(局部)/233

佚名《春游晚归图》/233

托名赵伯骕《阿阁图》(局部)/240

后　记

拙著《宋画中的南宋建筑》，是2010年在浙江大学历史系教授何忠礼先生鼓励下写成的，又蒙浙江省古建筑设计研究院院长黄滋先生的肯定和嘉评，使我这一跨界写作始得心安。事情虽已过去了多年，仍要借此表示感谢！

这次重新整理旧作，汰旧增新，改动甚大，以求信息更多更全面，更具可看性，一以加强宋代建筑各个细节的表述，二以让书中的形象资料更多角度更清晰可观。所有这些形象资料皆出自距今七百多年到一千余年前的宋代界画，也有少量元人之作。这些超高寿的绢本之作如按其存世现状入书，大多画面黝暗，甚者难以辨认，更不必说观赏了。只能借助现代技术将它们逐一“去垢”复明，又不能太过而失了古意，为此反反复复花了大量的时间和精力！为了说明问题，除了早年所绘，笔者又临时绘制了若干线描插图。也有若干插图取自网络和参考图书，如第十页、十三页、十七页上的图，因无法联系作者，在此深表歉意并望获得先生的谅解！

这是一件繁杂而需全神贯注的工作。我逐页修改，搜寻可以增补的新图，补写或重写图注；学友孙宁帮我做成电子文本，她今年也六十开外了，跟我一起全神贯之，倾力而为。我们从2019年元宵后开工，几乎三易其稿，忙到现在终于可以付梓交卷了，这真是一次学到老做到老、忙并快乐着的艰辛跋涉。没有她任劳任怨、锲而不舍的付出，这本书恐难这么顺利地提前完稿！

感谢从未谋面而让我爱上宋代界画和宋代建筑的前辈傅熹年先生！

感谢上海古籍出版社编辑曾晓红女史和所有为拙作再版付出辛劳的朋友们！

期待读者诸君的好评，更期待着各位的指正和批评！

傅伯星

2020年3月10日于杭州